〔Photo／Ofer Zidon〕

梅卡瓦主力戰車寫真集

以色列國防軍主力戰車
MERKAVA
MAIN BATTLE TANK

〔Photo／Ofer Zidon〕

C O N T E N T S

第 1 章

梅卡瓦主力戰車

以色列自建國以來，國防軍十分仰賴進口戰車，在眾人期盼之下，國防軍從1970年開始投入開發梅卡瓦（Merkava）主力戰車作為國產戰車。戰車裝有舊式的105毫米戰車砲，引擎安裝於前方，後方則是車輛的入口艙門，其獨特的設計概念看似標新立異，其實是根據以色列的國情與戰術而做出的理智選擇。隨著 Mk.1 在實戰中取得成功，以色列接續開發出改良版 Mk.2 以及攻擊力提升的 Mk.3。而 Mk.4 不僅備有戰利品主動防禦系統，還投入 AI 等最新科技，目前仍在持續進化中。

解說／竹內 修
Description : Osamu Takeuchi
Photos : Przemyslaw Skulski, Ofer Zidon, ASHER SHMULEVICH Pikiwiki Israel, Bukvoed, Oren Rozen, 270862, U.S. Government, IDF Spokesperson's Unit

▼以色列國防軍目前的最新型梅卡瓦主力戰車 Mk.4M。梅卡瓦是根據周邊地區特性所研發的戰車，可在多場戰鬥中發揮高度戰力。

梅卡瓦的開發歷程

梅卡瓦戰車雖被分類為戰後第3～第3.5代，但考量到以色列國情，以及國防軍參考多次實戰經驗後的研發成果，梅卡瓦與其他同世代戰車相比，是實力更勝一籌的獨特戰車。

以色列於1948年二次大戰的創傷尚未痊癒之際獨立建國，於同時期成立以色列國防軍。以色列國防軍的組成基幹是巴勒斯坦的猶太人，他們多數以駐留巴勒斯坦英軍的身分參與二次大戰，而加入英軍的猶太人之中，被分配到猶太旅團或特殊部隊並在第一線戰鬥的卻不到5000人，幾乎無人以裝甲部隊的身分參戰過。而且，以色列國防軍初創時期的軍事設備相當簡陋，他們想方設法取得小型槍支和機槍等武器，在卡車上安裝簡易裝甲作為裝甲車輛，總共僅有幾十輛。

以色列在第一次以阿戰爭（以色列獨立戰爭，1948～1949年）中獨立成功，當

◀活躍於以色列建國時期的美國 M4 雪曼中型戰車。M4 雪曼有多種型號，照片是以色列的 M15 雪曼戰車，主砲被換成105毫米火砲。

▶法國進口的 AMX-13 輕型戰車。總共約引進400輛，曾參與第二次及第三次以阿戰爭，因其輕裝甲的特性而被迫退役。

▲埃及等中東國家引進的T-34-85。這款是二次大戰時期蘇聯的中型戰車,曾在韓戰中大勝M4雪曼,因此戰後生產的車輛也被高度信賴。

▲T-54取代T-34-85成為主力戰車。攻擊力配備為100毫米火砲,是平衡性良好的高性能中型戰車,蘇聯同時提供T-54和T-55給中東國家大量使用。

時並未發生大規模裝甲戰鬥,但以色列國防軍感受到阿拉伯聯軍戰車的威脅性,因此希望取得能與之對抗的戰車。英軍隨著委任統治結束而撤離後,以色列國防軍將英軍的廢棄M4雪曼戰車重新生產,並從法國引進AMX-13輕型戰車,終於成立了裝甲部隊。

以色列國防軍裝甲部隊在第二次以阿戰爭(蘇伊士運河危機,1956~1957年)戰勝埃及陸軍裝甲部隊,他們巧妙的戰術是獲勝的主要原因;埃及陸軍擁有蘇聯提供的T-34-85戰車等武器,因此以色列在裝備方面趨於劣勢。後來埃及等阿拉伯國家紛紛從蘇聯引進T-54戰車,以色列國防軍為此產生危機感,於是從英國引進百夫長戰車,並於1966年請英國技術轉移,取得當時最先進的酋長式戰車技術,從此決定研發製作戰車。

英國的百夫長戰車於1967年第三次以阿戰爭(六日戰爭)戰勝阿拉伯聯軍裝甲部隊,以色列將本次戰爭中佔領的土地納入版圖,阿拉伯各國為此向英國施壓,導致英國拒絕將酋長式戰車出口至以色列。在阿拉伯各國的施壓之下,英國阻止歐洲各國將戰車出口至以色列,以色列因此無法重建在第三次以阿戰爭中損失的裝甲能力,也無法為後續戰爭進行強化準備。因此,以色列於1970年8月決定在國內自行開發戰車,梅卡瓦戰車即是開發計畫的成果。

梅卡瓦在希伯來文中是馬戰車的意思,在舊約聖經《以西結書》中有「神的戰車」的意涵,從名稱就能感受到以色列對第一輛國產戰車的高度期待,以及投入開發的決心。

梅卡瓦戰車的開發

梅卡瓦戰車由以色列國內企業IMI(以色列軍事工業)負責開發。他們曾在開發期間考慮自行研發子系統,但由於當時面臨財政困難,重工業基礎也不及歐洲國家、蘇聯、日本等戰車生產國。為了壓低研發費用並降低開發風險,於是在國內研發製造火控系統等設備,主砲、引擎、變速箱

▲「主力戰車」而聲名遠播的英國百夫長戰車。以色列軍從1959年開始引進,用來對抗埃及和敘利亞的T-54和T-55。

▲從美國進口的M48巴頓戰車,以色列軍於1967年開始使用。AVDS-1790柴油引擎被當作梅卡瓦戰車的引擎。

▲英國的酋長式戰車,是以色列軍下期主力戰車的測試車。但由於第三次以阿戰爭的禁運措施,以色列決定獨自開發梅卡瓦。

等設備則從歐洲國家引進。

另一方面,歷經第三次以阿戰爭後,以色列在法國和英國停止出口武器一事上學到教訓,他們極力避免仰賴外國零件並決定自行製造,梅卡瓦的國產化比例在Mk.1時期已達到70%。

戰車的能力取決於防禦力、攻擊力以及機動力等三大條件,近年還要加上C4I(Command Control Communications Computers Intelligence)系統能力。只要能在這些條件中取得高度平衡,就能製作出優良戰車,而梅卡瓦採納以色列國防軍的戰鬥經驗,因此更注重防禦力。

以色列的人力短缺,猶太人尤其不足,而且戰爭不斷消耗寶貴的人力資源,1973年第四次以阿戰爭(贖罪日戰爭),以色列國防軍失去大量戰車與人力,因此為了研發梅卡瓦更要極力避免失去人力。首輛梅卡瓦試產車於1974年完成,但一般認為它僅限於應對第四次以阿戰爭的戰訓。

車體結構

一般來說,戰車的引擎和變速箱安裝在車體尾端,但梅卡瓦系列為了減輕人員在車體前端中彈時所受的傷害,因此將引擎和變速箱裝在車體前方。這項設計從1979年部隊配備的第一款量產型梅卡瓦Mk.1到2018年發表的最新型梅卡瓦Mk.4「Barak」都維持不變。

引擎的冷卻機制是從車體左側注入冷卻空氣,並混合外部空氣以降低溫度,再從車體右側排出,很難補充紅外線飛彈的尋標器。

引擎上有金屬蓋,上面的線條高於砲塔環,目的是為了降低砲塔環被命中的機率。梅卡瓦Mk.1和Mk.2的砲塔是電氣油壓式,油壓系統被擊中後很有可能發生火災,因此電氣油壓裝置被裝在砲塔傾斜板的背面,以提高成員的安全性,並且配備油壓裝置專用消防系統。不過,以色列國防軍似乎認為這樣還不夠,從梅卡瓦Mk.3開始採用全電動式砲塔。砲塔側面和上面有一些小凸起,可避免跳彈、碎片或小倍徑彈藥滑過裝甲表面並飛到兩側。

▲經過模型車測試後,沿用百夫長戰車的車體,製造出的實證測試車。底部維持不變,在上方加裝新的建築構造,車輛行進方向相反。

▲實證測試車的後方。車體的尾端是很尖,可以看出是百夫長戰車的車體前端,砲塔也保留了百夫長的鑄造型砲塔。

▲梅卡瓦Mk.1的測試一號車。發展至Mk.4梅卡瓦系列基礎設計已完成。
側裙款式與Mk.1量產車截然不同。

防禦系統

梅卡瓦系列不斷加強防禦力，從梅卡瓦Mk.3開始，在砲塔的側面、側裙，以及戰車中裝甲最薄的砲塔上面加裝裝甲，並在砲塔側面安裝大塊的菱形裝甲。為了提高梅卡瓦Mk.4砲塔上面的防禦力，裝填手的艙口被移除了，這導致城鎮作戰的勘查能力大幅下降。後來為了處理這個缺點，部分車輛重新配備裝填手艙口。

梅卡瓦的車體底部以一塊V字形鋼板阻擋地雷爆炸風波，並在內部加裝一層的裝甲。此外，進入21世紀後，增加了覆蓋車體底部的附加裝甲板（腹部裝甲），加強對地雷的防禦力。

梅卡瓦 Mk.3改良型「Dor-Dalet」具備自衛系統「POMLAS」。系統偵測到飛彈或導引炸彈的雷射光束後，將自動發射煙霧彈、干擾箔或熱誘彈，必要時可發射對人榴彈和信號彈。

POMLAS與雷射感測器串聯，一旦偵測到威脅，砲塔兩側的6連裝發射器會自動朝威脅的方向發射煙霧彈。

此外，斐爾先進防禦系統公司開發「戰利品」主動防禦系統，梅卡瓦Mk.4正在安裝該系統，配備戰利品系統的車輛稱為「Mk.4M」。

戰利品系統是由EL/M-2133火控雷達和迎擊體發射器組成，以四片式平面雷達進行360度全方位監控，發現車輛被攻擊後，車體側面頂部的迴轉式迎擊體發射器會發射金屬迎擊體，以消除火箭彈和飛彈的威脅。戰利品系統從2010年開始作為以色列國防軍的裝甲車裝備，並於2011年實戰中成功迎擊。截至2021年2月，該系統包括實地測試在內已發射5400次，各別使用時間皆達到100萬小時。

除此之外，以色列為了因應市區戰和游擊戰，針對Mk.3和Mk.4提供「LIC」（低強度戰爭）的改裝套組。該套組備有網狀格柵，可避免吸氣口和排氣口混入異物，防止前照燈和瞄準器損壞。在城市中行駛時，LCD攝影機可確保操縱手的視線，夜間行駛時則會用到車身桿前端的LED燈。

主要武器

1970年代以色列研發梅卡瓦時期，蘇聯成功將115毫米和125毫米的滑膛砲實用化，而西方國家也開發120毫米滑膛砲。然而，以色列國防軍裝甲部隊在第四次以阿戰爭中，許多戰車消耗了大量彈藥而來不及補給，於是以色列國防軍採用M68 L71A 105毫米線膛砲作為梅卡瓦Mk.1的主要武器，可安裝的砲彈量比120毫米滑膛砲還多。M68是IMI以英國L7線膛砲為基礎所改良的戰車砲。

梅卡瓦Mk.1在黎巴嫩戰爭中使用鎢合金製APFSDS（尾翼穩定脫殼穿甲彈）M111，從遠處擊敗多輛T-72。梅卡瓦Mk.2是梅卡瓦的第一款改良型號，採用105毫米線膛砲，但阿拉伯國家的T-72普遍備有裝甲穿透力更高的APFSDS，因此從梅卡瓦Mk.3開始主要武器改為MG251 44倍徑120毫米火砲，由IMI以萊茵金屬120毫米L44火砲為基礎改良製作。

120毫米滑膛砲使Mk.3以後的最大砲彈

▲梅卡瓦Mk.2的右側面。車體和砲塔採用獨特設計。為了達到防禦目的,砲塔前端的引擎蓋比較高。

裝載數減少至50發,但砲口口徑變大,因此具備從遠處擊敗T-72等目標的攻擊力。此外,梅卡瓦Mk.3改良型「Baz」開始更新射擊控制裝置,加強對直升機等飛行目標的攻擊能力。梅卡瓦Mk.4則改用小改良的MG253滑膛砲,主砲還能發射射程5000公尺的半自動雷射導引式反戰車飛彈「LAHAT」,提升遠距離交戰能力。

蘇聯於1960年代將砲彈的自動裝填機實用化,1980年代以後,法國的雷克勒戰車、日本的90式戰車和10式戰車、韓國的K2戰車等,也被西方國家加裝自動裝填機並且實用化。然而,梅卡瓦未採用自動裝填機,直到梅卡瓦Mk.4才首次配備自動砲彈裝填系統。

該系統由電腦控制,可從10發砲彈的旋轉式彈匣中,透過電動馬達將砲手選擇的砲彈傳給裝填手。雖然梅卡瓦Mk.4採用自動裝填輔助系統後,主砲射速提高了,但它不同於雷克勒戰車和10式戰車的自動裝填系統,仍需靠人力裝填彈藥,因此發射速度較慢。

以色列有能力研發自動裝填機,但梅卡瓦Mk.4卻未使用,原因可能是為了延續以色列塔爾少將的想法,他曾為以色列國防軍裝甲部隊盡心盡力,而梅卡瓦開發計畫也是由他主導的。

以色列塔爾少將於1942年志願加入英軍,在義大利北部與德軍作戰,1960年至1964年期間擔任以色列國防軍裝甲科副司令官。戰車安裝砲彈自動裝填機後,人數需由4人減少至3人,但塔爾少將根據以往的戰鬥經驗提出主張,他認為還是需

▼梅卡瓦Mk.4M的砲塔側面配備戰利品防禦系統。前方有弧形天線及長方形的迴轉式迎擊發射器,後方有防爆盾。

◀ 梅卡瓦Mk.1的105毫米火砲。線膛砲的砲管內部有膛線（來福線）的割痕。砲塔的形狀值得留意，高度和寬度被縮到最小。

要4人才能讓戰車在戰場中存活。

次要武器

以色列國防軍在市區戰等非正規戰爭方面累積了豐富經驗，梅卡瓦配備了60毫米迫擊砲等次要武器，可發射對步兵榴彈和煙霧彈等。最早投入實戰的梅卡瓦Mk.1砲塔右側有60毫米迫擊砲，但砲手開火時可能遭受攻擊，因此梅卡瓦Mk.2之後的迫擊砲改裝在車體內部。

梅卡瓦Mk.1分別在主砲同軸、車長艙口上各安裝一挺FN MAG 7.62毫米機槍作為次要武器。1982年的黎巴嫩戰爭之後，梅卡瓦戰車成員的訪調內容顯示，他們對敘利亞軍的戰鬥直升機感到不安，因此從梅卡瓦Mk.2開始，砲塔前方基座增加了可在車內操控的.50M2 12.7毫米機槍，同時在砲塔上的裝填手艙口再增加一挺FN MAG。12.7毫米機槍可以在訓練時代替主砲，而且在黎巴嫩南部與武裝團體真主黨對戰時，也發揮了極大作用。

以色列注重持久戰的能力，梅卡瓦系列的彈藥庫空間比其他國家戰車的更大。梅卡瓦系列的彈藥庫可裝入大量砲彈，彈藥皆存放於防火玻璃纖維容器中。此外，彈藥庫還可以載運燃料、水等物資。

車體後方

梅卡瓦系列戰車的車體後方設有彈藥庫的出入艙門。起初投入實戰時，有些人認為這是為了步兵戰鬥車或裝甲運兵車而安

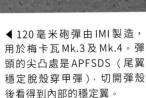

◀ 120毫米砲彈由IMI製造，用於梅卡瓦Mk.3及Mk.4。彈頭的尖凸處是APFSDS（尾翼穩定脫殼穿甲彈），切開彈殼後得到內部的穩定翼。

▲ 梅卡瓦Mk.4配備的MG253 44倍徑120毫米滑膛砲。實際安裝在砲塔上時，要加裝隔熱套管以免發生熱變形。

裝的艙門,但後來已明確得知,其功能是提高存活率及方便彈藥補給。

其他戰車因為中彈而導致無法繼續戰鬥時,成員必須從砲塔頂部的艙口,或是車體底部的逃生艙口逃生,但這兩種逃脫方式很耗時,而且從砲塔頂部逃生的人很容易成為敵人的攻擊目標。相較之下,梅卡瓦可讓成員從戰鬥室前往相通的彈藥庫,並從車體後方逃生,所以梅卡瓦比其他戰車更容易逃生。

梅卡瓦車體後方的艙口比步兵戰鬥車或裝甲運兵車的小,彈藥庫只能讓一個人勉強通過,但卸下所有彈藥後可容納大約6名士兵。

由於最多可放置4張擔架,據說在1982年的黎巴嫩戰爭中,以色列軍將彈藥容器卸除並當作臨時的裝甲救護車。

梅卡瓦的引擎設在車體前方,後方則是彈藥庫。將艙門移至車體後方也是為了提高彈藥補給效率。

砲塔

因為彈藥庫變大,所以梅卡瓦系列戰車比同世代的他國戰車還龐大,但砲塔卻不成比例,尺寸偏小。梅卡瓦砲塔的側面和正面線條都朝主砲集中,呈現楔形設計,因此正面投影面積非常小。在過去的裝甲戰鬥中,戰車砲塔被命中的機率比車體高上數倍。所以提高生存能力的關鍵在於極力縮小砲塔的截面積,儘量不要在砲塔裡放置有引爆風險的彈藥。此外,車輛躲在岩石等掩護物後方,只露出砲塔射擊時,小尺寸的砲塔特別有優勢。

以色列國防軍為了提高生存率,車長會直接目測偵察周遭環境,但車長很容易在偵查期間成為狙擊目標,因此梅卡瓦的車長塔艙口被稍微抬升,讓車長能同時保護頭部並觀察周圍。

最新型梅卡瓦Mk.4在砲塔四周安裝了附加裝甲,砲塔比梅卡瓦Mk.1~Mk.3還龐大。這種裝甲是外裝式模組裝甲,被擊中時只要更換受損的部位就能快速返回戰線,是很容易更換高防護性材料的裝甲。

機動力

正如前項所述,以色列擴大車體以提升

▼演習中的梅卡瓦Mk.1。砲塔側面有煙霧彈發射機及追加裝甲側裙,車輛製造後經過各種修改,目前持續使用中。

▲在泥濘中前進的梅卡瓦Mk.2D「Dor-Dalet」。砲塔側面安裝大菱形追加裝甲，車輛製造後再經過修改，防禦型態更接近最新型Mk.4。

持續作戰能力，為了提高生存率，他們也相當注重防禦力，因此梅卡瓦的戰鬥重量在Mk.1階段已達60噸。21世紀以後的非正規戰增加了，強化防禦力的需求也隨之提高，目前已有許多戰車的戰鬥重量超過60噸，包括豹式2型戰車（61.7噸）和M1A2 SEP（63.28噸）。然而，M1（105毫米線膛砲型）和豹式2A0，與梅卡瓦Mk.1同樣於1970年代後期投入實戰，但戰鬥重量卻只有50噸左右，因此梅卡瓦更突出。以色列國防軍跟美國、NATO（北大西洋公約組織）歐洲成員國不一樣，不追求戰車的戰略機動性，這也是梅卡瓦戰鬥重量增加的原因之一。

以色列國防軍擁有多輛戰車，但總數仍不敵阿拉伯國家。為彌補數量上的差距，以色列國防軍經常採取伏擊攻勢，或是利用遮蔽物進行攻擊，因此較不注重戰術機動性。

以色列國防軍在梅卡瓦Mk.1中使用百夫長和M60巴頓戰車的電源，即輸出為750馬力的ADVS-1790柴油引擎，並進一步強化成輸出900馬力的ADVS-1790-5A引擎作為電源。

ADVS-1790-5A引擎有助於提升後勤補給效率，但對戰鬥重量超過60噸的梅卡瓦來說，輸出馬力似乎不夠。因此，梅卡瓦Mk.1和Mk.2的路面最高速度只有46km/h，遠低於豹式2A0（68km/h）和M1（72km/h）的速度。

梅卡瓦Mk.1於1982年黎巴嫩戰爭首次參戰，當時並未發生動力不足的問題。但據說Allison CD-850-6BX變速箱（前進2段/後退1段）的電力損耗較大，所以梅卡瓦Mk.1的續航距離只有250公里，遠低於型錄數據的400公里。因此，從梅卡瓦Mk.2開始，以色列採用自行開發的電子式自排變速箱Ashot Ashkelon RK304A（前進4段/後退1段）。

梅卡瓦Mk.3採用AVDS-1790的衍生型號，也就是輸出增強至1200馬力的AVDS-1790-9AR V12柴油引擎，路面最高速度提高至55km/h。此外，梅卡瓦Mk.4以後使用了通用動力陸地系統公司（General Dynamics Land Systems）授權生產的CPS883「歐洲動力包件」，結合德國MTU研發的V12柴油引擎MTU883（1500馬力）與德國RENK RK325變速箱（前進5檔/後退1檔）。梅卡瓦Mk.4的戰鬥重量增加至65噸，路面最高速度由Mk.3的55km/h 提升至60km/h。

梅卡瓦的未來

以色列國防軍十分重視C4I能力，以色列防衛產業在C4I技術方面也展現了強大實力，因此梅卡瓦Mk.4的C4I能力在國際上屬於前段班。

梅卡瓦Mk.4採用以色列埃爾比特系統公司（Elbit Systems）研發的系統，透過

◀測試用戰利品防禦系統裝在美軍 M1A1 艾布蘭主力戰車的砲塔上。德軍豹式 2A7 型戰車也決定採用此系統。

高速資訊網路串聯指揮官、各輛戰車及各種支援部隊，以利提高戰鬥效率。雖然戰車搭載戰鬥資訊管理系統並不稀奇，但梅卡瓦 Mk.4 的戰鬥管理系統終端機內建了數位資料記錄器，可記錄戰鬥中影像和觀測數據等資料。這些功能是以色列充分吸收戰鬥經驗的成果。

以色列於 2018 年 7 月發表梅卡瓦 Mk.4M 改良型「Barak」，預計導入以色列國防產業專門的影像顯示及 AI 人工智慧等技術。改良內容包括搭載下一代主動防禦系統、具 AI 技術的電腦，以及埃爾比特系統公司研發中的頭盔內藏式顯示裝置「鐵視野（Iron Vision）」，並改用電氣混合動力系統等，盡可能從第 3.5 代進化到第 4 代主力戰車。

梅卡瓦是根據以色列國防軍的特點所開發的戰車，很難在其他國家中應用，且以色列國防軍打算優先自用，目前尚未有其他國家採用。不過，戰利品主動防禦系統和鐵視野已應用於 M1A2 SEP 和豹式 2A7 等戰車，未來梅卡瓦 Mk.4「Barak」導入的影像顯示和 AI 技術有望成為西方國家的戰車標準配備。

▶ 以色列空軍的 F-35I 飛行員戴著 HMDS 頭盔（左邊兩位）。「鐵視野」是應用了此頭盔的戰車專用頭盔內藏式顯示裝置。

第2章

梅卡瓦Mk.1

1980年代初期推出的梅卡瓦Mk.1是以色列的第一款國產戰車,採用了前置引擎、105毫米倍徑線膛砲等配備,但規格仍不及當時最先進的MBT戰車,因此戰力受到質疑。不過,梅卡瓦Mk.1於1982年黎巴嫩戰爭的首次作戰中表現超出預期,摧毀了蘇聯的最新型戰車T-72。梅卡瓦的設計理念著重於生存率和實用性,並根據戰鬥經驗進行多次改良,再將Mk.1培養的梅卡瓦基因傳承至Mk.2。

解說／竹內 修
Description : Osamu Takeuchi
Photos : Przemyslaw Skulski, Ofer Zidon, Adamicz, Aktron / Wikimedia Commons, deror_avi, Banznerfahrer, Alf van Beem, Uwe Brodrecht, Bukvoed, Jaroslaw Garlicki, Piotr Gotowicki, Ricardo Tulio Gandelman, Anton Nosik, George Papadimitriou, Oren Rozen, Piotr Strzelecki, Jacek Szafranski, Ulrich Wrede, Vladimir Yakubov, Falcon® Photography, IDF Spokesperson's Unit
Drawings : Kikuo Takeuchi

▲以色列拉特倫戰車博物館展示的Mk.1。車輛編號為82002,Mk.1試產2號車。

【梅卡瓦 Mk.1 性能規格】
全長:8.630m
車體長:7.450m
全寬:3.700m
全高:2.750m(含車長塔)
最低底盤高:0.470m
重量:60噸
成員:4名(車長、砲手、裝填手、操縱手)
　　　最多可容納6名士兵
武器裝備:L7/M68 105㎜ 51倍徑線膛砲
　　　　　彈藥62發
　　　　　7.62㎜ 機槍×2挺
　　　　　60㎜ 迫擊砲×1門
引擎:Teledyne Continental Motors
　　　AVDS-1790-5A V12柴油引擎
最大輸出:900馬力
變速箱:Allison CD850-6BX
　　　　兩段式半自動變速器
最高速度:46km/h(路面)
燃料桶容量:1250公升
續航距離:400 km

梅卡瓦的傳動系統

梅卡瓦的第一款實用型號梅卡瓦Mk.1於1979年至1983年移交250輛給以色列國防軍。

如前所述,梅卡瓦在開發上很注重防禦力和成員生存率,對機動性的要求較低。梅卡瓦Mk.1的戰鬥重量已達60噸,相當於第3.5代戰車的水準,引擎採用900輸出馬力的ADVS-1790-5A,是M60巴頓戰車750輸出馬力ADVS-1790柴油引擎的加強版。

當時ADVS-1790也被以色列國防軍用於百夫長和M48巴頓戰車,一般認為採用同系列ADVS-1790-5A的原因是為了提高後勤支援效率。

西德的豹式2A0與梅卡瓦Mk.1在同時期開發,並於1979年開始移交。豹式2A0的輸出重量比達27馬力／噸,梅卡瓦Mk.1的輸出重量比只有15馬力／噸,落差極大。但是,梅卡瓦Mk.1於1982年黎巴嫩戰爭中首次上場時,並未發生引擎輸出不足的問題。在此之後,梅卡瓦系列直

到Mk.3以前都使用ADVS-1790系列,並階段式增強引擎輸出能力。

由於Allison CD850-6BX變速箱很耗能,導致梅卡瓦Mk.1的續航距離只有250公里左右,遠遜於型錄數據中的400公里。因此,梅卡瓦Mk.2以後開始更換變速箱。

梅卡瓦持續作戰能力的研發情況也備受重視,為避免在野外戰中修理轉輪和履帶,採用壽命比傳統型戰車轉輪多2倍的新型轉輪。新型轉輪是以色列國防軍以百夫長戰車的轉輪為基礎所開發而成,直徑為790毫米的橡膠輪胎,2個為一組,以扭力

▼位於特拉維夫的以色列國防軍歷史博物館,此為Mk.1展品。車輛編號不明,但應為試產1號車,曾在黎巴嫩戰爭中實戰。

▲Mk.1試產1號車的正面。上面沒有防滑塗層，右側有一個砲管支架，砲塔側面是懸吊環，與2號車以後的型號相比有幾處細部差異。

▲Mk.1試產1號車的背面。後方艙門和右側檢修艙門敞開。2號車以後的後擋板設計改變了，一般認為右擋板是重新製作的零件。

彈簧和懸吊系統懸掛，是由百夫長的霍斯特曼懸吊裝置改良的設計。

梅卡瓦Mk.1的武器

1970年開始研發梅卡瓦，此時蘇聯已推出以115毫米滑膛砲為主砲的T-64戰車；1970年代中期開發期間，以125毫米滑膛砲為主砲的T-72也已經問世。先前提及的豹式2型戰車的目標是對抗蘇聯新型戰車，以120毫米滑膛砲作為主砲，後來梅卡瓦從Mk.3開始也將主砲改為120毫米滑膛砲。但是，梅卡瓦Mk.1和Mk.2的主要武器是M68 51倍徑線膛砲。

以色列國防軍之所以不像其他西方國家一樣使用120毫米滑膛砲，最大原因是基於1973年第四次以阿戰爭（贖罪日戰爭）在戈蘭高地和西奈半島的作戰經驗所做的決定。

以色列國防軍分析了第四次以阿戰爭的戰鬥經驗，發現許多戰車在補給前已經用光彈藥，因此認為必須儘量增加每輛戰車的攜帶彈藥數。正如前面所述，梅卡瓦的研發方針也著重於持續作戰能力，所以才會選擇105毫米線膛砲作為主要武器，因為彈藥攜帶量比120毫米滑膛砲彈還多。

梅卡瓦Mk.1可裝配62發105毫米線膛砲彈，通常會在砲塔下方的環形架上安裝6發作為即時彈藥，12發放入2發裝的容器並置於車體底部，而44發則存在4發裝的托盤式容器中，放在車體後方。

1970年代梅卡瓦研發期間，以色列國防軍正在大量應用M60和百夫長戰車，兩者以105毫米線膛砲為主，因此後勤方面使用105毫米線膛砲也是很合理的選擇。

梅卡瓦Mk.1還配備了7.62毫米機槍作為副武器，且在砲塔右側面安裝60毫米迫擊砲。迫擊砲已在實戰中證明其有效性，所以後續的梅卡瓦系列也有迫擊砲，但由

▶拉特倫（Latrun）的試產2號車，規格接近標準量產型Mk.1，但砲塔後方沒有籃子，且砲塔下方的形狀、後側面的艙口等處有變化。

▶拉特倫戰車的車體正面。砲管支架沿用Mk.3前的設計，位置偏右。左右車頭燈皆可收納。

▲車體前左側，車頭燈使用中。是左右排列的圓形燈，實際上左燈有安裝紅外線燈，右側車頭燈採相同設計。

▲車體前端的左側面。與試產1號車的不同之處在於上面有一層防滑塗層，很像鋪滿沙子的感覺。

▲砲塔左側面具有特殊的尖刺形狀，可以看到主砲同軸機槍口的縫隙。量產車的兩條備用履帶被移至砲塔底部的側面，可在車體正前方看到操縱手潛望鏡及網格吸氣口。

▲從後方觀看砲塔左側面。砲塔的形狀是暫定的，因此下方的凸出區塊比量產車小，吊鉤的位置在更下面。

◀105毫米線膛砲的排煙機。砲管上蓋著隔熱套管並扣上環帶固定。

於砲手可能在砲擊時被攻擊，因此從梅卡瓦Mk.2開始迫擊砲被收納至車體內部。

梅卡瓦Mk.1的應用

梅卡瓦Mk.1於1982年黎巴嫩戰爭首次投入實戰。據說梅卡瓦Mk.1被派往貝卡谷地的戰車戰，隸屬以色列國防軍第七裝甲旅團，在毫髮無傷的情況下從3000到4000公尺的射程開火，成功擊敗了7輛敘利亞軍的T-72戰車。此外，一部分的梅卡瓦Mk.1被拆除後方的彈藥容器當作臨時的裝甲救護車。

梅卡瓦Mk.2及後續型號推出後，梅卡瓦Mk.1隨之退役，目前以色列國防軍實戰部隊不再使用Mk.1。少數車體已被改裝為裝甲運兵車「納美爾（Namer）」，但改裝成本很高，並未量產。

▲從左側觀看主砲的防盾區塊。底部用帆布遮擋。注重避彈措施，砲塔只有一個最低限度的開口。

◀砲塔的後方側面。因為沒有籃子，基本的形狀清楚可見。量產車採用鑄造製法，但試產車是焊接結構。側面的架子是便攜油桶專用架。

▶砲塔上面。量產車的右側車長塔是圓形迴旋式設計，但這輛戰車則跟左側的裝填手艙口一樣採用彈起式設計。車長塔前方的潛望鏡被移除。

◀砲塔上面的前端。基本佈局不變，但左右側的收納式艙口位置跟量產車不同。

▼砲塔後方上面。艙口形狀和鉸鏈等部分跟量產車很不一樣。後端中央區塊和右側面有天線座，天線只在前端立起。

▲砲塔中央上面，車長艙口的周圍。前方可以看到收納式艙門的固定門閂和鉸鏈，但樣式跟後續車輛不同。艙門周圍有潛望鏡的蓋子。

▲從上方觀看105毫米線膛砲的排煙機。砲彈發射的時候，砲管內外會產生壓力差，排煙機是使煙霧排出砲口的裝置。

▲砲塔左側面後方。砲塔側面有焊接的痕跡，前方則是鑄造製法，後方是焊接製法。底部砲塔環的直徑有保留一些空間。

◀車體正面。右側微傾斜,左側則為了容納引擎而抬高,上面形狀不對稱,是Mk.3以前的梅卡瓦系列特徵。

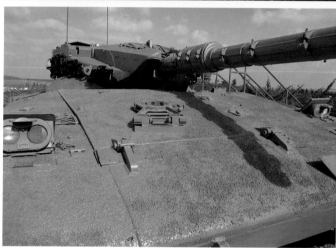

▲前面右側。右擋板上方的車頭燈,試產車採收納式設計,但量產車是半內嵌式,擋板的上方有凹陷設計。

▲右側有一個位置偏移的砲管支架。底部為了保持水平,因此配合上面的斜角焊接了一個底座。

▲前面右側面。排氣口從上面往側面緩緩傾斜,跟Mk.2後的大型化機型不一樣。

◀左側車頭燈。上端有一個像是屋簷的零件,是用於夜間行進時的光量控制燈。

▶前面下方的右側。啟動輪的最終減速器固定區塊往前凸出。試產車的正面裝甲板是焊接製法,但量產車是一體成型的鑄造結構。

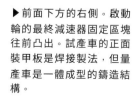

 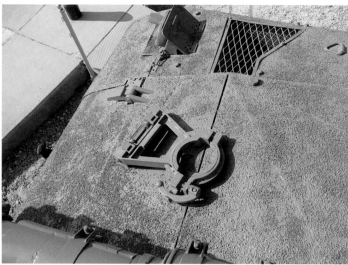

▲車體前端的上面左側。吸氣口有安裝網格,可看到機艙門的固定帶以及操縱手艙門前方的潛望鏡等配備。

▲車體前端的上面右側。行進時為了讓操縱手有良好的視野,將砲管支架設在偏右側。網格的部分則是輔助動力系統的吸氣口。

▲車體左側。側面前方的紅色方形零件是起火時可從外部操控的滅火器啟動裝置。正下方的半圓形缺口是排氣孔。

▲Mk.1的標準側裙左側。前、中、後以3片側裙組成,直接用螺栓固定在車體的托架上。前端和後端下方有用來上下車的半圓凹槽。

▲同一輛戰車的側裙右側。幾乎與左側互相對稱,為了避開轉輪而在下端採用波浪設計,後方上端有兩個空隙。

◀車體右側。砲塔右側總共有4個備用履帶，跟量產車的履帶固定位置不同。

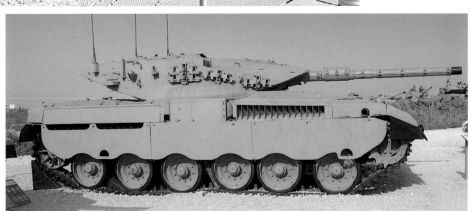

▶從正側方觀看車輛右側。前方是排氣孔，中間是空氣過濾器，後方是雜物箱。轉輪是2個一組的懸吊系統，第1個、第2個一組，第3個、第4個一組，第5個、第6個一組，等距排列。

▲中央的排氣孔和空氣濾芯之間有很寬的縫隙，量產車以面板覆蓋。可透過附鉸鏈的艙口來維修空氣過濾器。

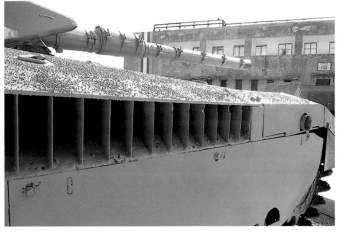

▲前方的排氣孔。位置低於Mk.2後的型號，隔板數量也較多。側裙以薄鋼板製造，表面緊貼固定在車體上，沒有縫隙。

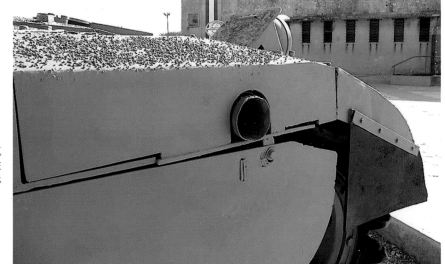

▶側面右側的排氣口。Mk.2以後與左側排氣口一起被移除，開口也被塞住。

◀拉特倫戰車的後方。逆八字形的後面板中央，是相當於梅卡瓦系列認證的升降門，左右兩側有大型的檢修艙門。

▼砲塔後方的車體上面。前方有明顯的橢圓形凸起物，是燃料箱填裝口的蓋子。

▲後方的左擋板。外側有車尾燈，內側則有車內對講機的箱子。

▲後方左側的引導輪底部。旋轉後方凸出螺絲的六角螺栓可調整履帶鬆緊度。

◀從左後方觀看後面。艙門由上下兩片面板組成，上端有橡膠面板，艙門打開時會蓋住上面的空隙。

▲左側啟動輪。齒數為15，基本上 Mk.3 以前的機型都採用相同啟動輪。

▲左側啟動輪。採用單銷式履帶，是內外沒有橡膠覆蓋的簡樸配備。

▲Mk.1 到 Mk.3 使用的啟動輪。外側齒輪的固定螺栓在齒縫間。

▲左側第一轉輪。據說轉輪參考了百夫長戰車的設計，內側一樣有10個固定螺栓。

▲右側第一轉輪的內側。搖臂的前後方分別裝有阻泥器和彈簧，轉輪靠它們支撐。後方可看到與第二個轉輪連成一體的搖臂固定區。

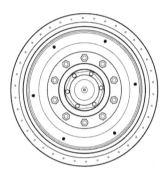

▲Mk.1 到 Mk.2 使用的轉輪。有橡膠邊環，由內外兩塊組成。

▶左側引導輪。為了排出車體下方的淤泥，採用強度高且開口寬的設計，履帶的連接處也有開孔。

◀引導輪。有10個輻條，輻條之間的空隙很大。基本上 Mk.1 到 Mk.4 都維持不變。

▲用於 Mk.1 的履帶。類似百夫長戰車的履帶，但梅卡瓦的起動輪更寬，齒縫位置不同，因此無法互換。

▶右側第二轉輪後方的懸吊裝置。上方有4個轉輪穿過履帶內側（右側3個），1個越過履帶的中央導齒。

《梅卡瓦 Mk.1 Hybrid（後期型號）》

以色列開始應用梅卡瓦 Mk.1 後便吸收戰鬥經驗並加以改良，Mk.2 自 1983 年開始服役，以色列將部分 Mk.2 車輛改裝翻新成「Mk.1 Hybrid」，又稱「Mk.1 後期型號」。不同改裝時期的設備各有差異，其中包括更換新型側裙、加裝煙霧彈發射機，或是在車長塔安裝潛望鏡。Mk.1 Hybrid 主要被用於預備部隊和訓練部隊，目前已退役。

▲捷克萊桑尼軍事博物館收藏的 Mk.1 Hybrid。1980 年由以色列製造，1982 年參與黎巴嫩戰爭。退役後於 2006 年被轉讓給捷克。

▲ 2009 年，萊桑尼戰車的左側天線竿插著以色列國旗，在奧斯特拉瓦的「北約日（NATO Day）」行進展示。

◀萊桑尼軍事博物館的年度節日「坦克日」中展示的 Mk.1 Hybrid。車體下方右側標示車輛編號 837513。

◀停駛中的萊桑尼戰車，砲管被支架支撐著。Mk.1 Hybrid導入Mk.2的裝備並加以改造，因此許多地方差異很大。

▲ 法國索繆爾戰車博物館收藏的Mk.1 Hybrid。2004年由以色列轉讓，車輛編號為820024。

◀從右後方上方觀看索繆爾戰車的樣子。規格幾乎與萊桑尼戰車相同，砲塔右側面有60毫米迫擊砲等車外裝備。

▲ 2011年，在戈蘭高地演習的Mk.1 Hybrid。這輛戰車裝有Mk.1 Hybrid的特殊側裙，跟Mk.2不一樣（請參考第35頁）。

▼ 2011年，砲管調至仰角，正在進行維護準備的Mk.1 Hybrid。這輛車的側裙也不一樣。砲塔上立著空彈殼。

▼在坦克日行進展示的萊桑尼戰車。側裙採用Mk.2的款式。為了防止操縱手的頭部露出艙口時被擊中，砲塔略偏右側，以支架固定砲管。

▶萊桑尼戰車的105毫米線膛砲。砲管前端和排煙器有用扣帶固定的隔熱套管。

◀索繆爾戰車的砲管底部。這輛車砲管底部也有安裝隔熱套管。

▼105毫米砲口的特寫。左上方可以看到「17859」的刻字。砲口周圍的細線是瞄準指標。

▲萊桑尼戰車105毫米線膛砲的砲口。顧名思義,內部有用於旋轉砲彈的膛線溝槽。

▲萊桑尼戰車的左側面。Mk.1生產期間在砲塔後方加裝了籃子,以及下方的球形鏈條。

◀砲塔左方的正面。可以看到主砲底部的圓蓋、7.62毫米同軸機槍的縫隙,以及開口被遮蓋的煙霧彈發射機。

▶砲塔左側面的前方。砲耳以螺栓固定,托架上有鏟子,底下的凸起處有備用履帶。

◀索繆爾戰車的砲塔左側有填裝手專用7.62毫米機槍架。雖然FN MAG機槍被移除了,但彈藥箱保持不變。可以調整各種迴轉角度、吊臂長度。

▼砲塔左側後方。連接後方籃子的地方,可以看到懸吊鉤、滅火器、拖車纜繩、球形鏈條,以及車體後方的懸吊鉤。

◀砲塔左側的中央區塊。索繆爾戰車有配備鏟子,鏟子前方焊接了用來懸吊砲塔的大型三角形掛鉤。砲塔下方的凸出區塊有防滑塗層。

▶德國蒙斯塔戰車博物館的珍藏品，Mk.1 Hybrid 砲塔右側。由以色列轉讓，德國以豹式 1 型作為交換，車輛編號為 833057。

◀索繆爾戰車的砲塔右側中央。砲塔形狀左右不對稱。左右兩側的機槍架皆裝設 7.62 毫米機槍。上面右側的車長塔有旋轉式潛望鏡。

▲萊桑尼戰車的砲塔右前方。砲手瞄準器內嵌在砲塔的右側，前方配備跳彈板。車長塔的前方是圓形 TRP 潛望鏡。

◀蒙斯塔戰車的砲塔右前端，此處呈直線形，以鋼板焊接組成。砲管底部是形狀類似手風琴的蓋子。

▲萊桑尼戰車的砲手瞄準器正側面。這輛車是焊接結構,前方艙門透過下方的支點往前開關。

▲砲塔右前方跟左圖一樣配備6連裝煙霧彈發射機。為了躲避針對砲塔下端的射擊陷阱,車體前方的引擎蓋採隆起設計。

▼索繆爾戰車的砲塔右側後方。配備60毫米擲彈筒並固定於收納位置。拖車纜繩的固定位置跟萊桑尼戰車不同。車前燈安裝於右側車長專用機槍架上。

▲砲塔右後方。懸吊掛鉤後方的滅火器被塗成紅色,原本在前方的60毫米擲彈筒被移除。

◀從後方觀看萊桑尼戰車的砲塔右側。從車長塔後方的頂點朝前方砲管方向延伸,呈現出明顯的楔形。砲塔籃安裝在後側下方。

◀萊桑尼戰車的砲塔籃後
方。下端裝有托架，托架
上有拖車纜繩。下面有球
形鏈條，遮蓋砲塔籃與車
體之間的縫隙。

▲砲塔後方。上面可以看出圓弧感，砲塔後方採鑄造製法。右後方有
兩條備用履帶，左側的黑色便攜油桶以皮帶固定。

▲砲塔後方的右側。籃子側面下方的球形鏈條連接車體後端的上面。上
端焊接了細細的扶手，並掛上標示著戰術記號的布條。

◀有金屬帶以及網
格的砲塔籃是Mk.1
的特有結構。砲塔
上面有防滑塗層。
砲塔中央立著雷射
感測器的桅杆。

◀萊桑尼戰車右側
面的球形鏈條。依
照車體上面的角度
調整鏈條長度。

▲蒙斯塔戰車的球形鏈條。根據戰鬥經驗，球形鏈
條的安裝目的是迴避反戰車飛彈對車體和砲塔的
射擊陷阱，是最新型Mk.4M之前的梅卡瓦系列標
準配備。

◀索繆爾戰車的車體正面。在Mk.1生產期間，像蘇聯戰車那樣在正面的各部位焊接了除地雷機的安裝架。

▼從左側觀察車體前面。為了覆蓋引擎，上面右側可以看到明顯的隆起。拖車纜繩上有掛鉤。

▶萊桑尼戰車的車體前面。有細長形托架、檢修艙門的兩個鉸鏈、砲管支架，以及沒有防滑塗層的艙門開關把手。

◀車庫中的萊桑尼戰車。左側車頭燈是收納式，右側則是內嵌式。右側裝有夜間行駛專用的遮罩，只能看到上下方的夜燈。

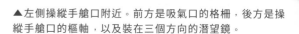

▲左側操縱手艙口附近。前方是吸氣口的格柵，後方是操縱手艙口的樞軸，以及裝在三個方向的潛望鏡。

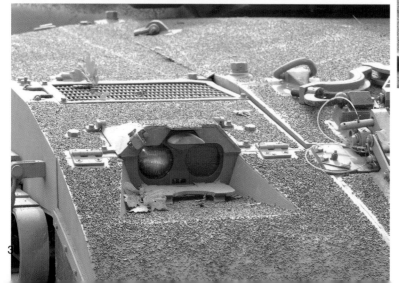

◀右側車頭燈打開遮罩的樣子。右邊是普通燈，左邊是紅外線燈。前擋板上有梯形的凹槽。

▲萊桑尼戰車的車體下端左側。此部分為鑄造結構，上下一體成型。不使用附屬安裝架時，用螺栓固定在面板上。

▲蒙斯塔戰車的左側車頭燈，不使用時可將燈具收進擋板裡。前方的扶手可讓士兵從側面上下車。

▲下端右側焊接著浮雕式的車輛編號。Mk.1的編號開頭有：81、82、832、833、837等，有些號碼會跟其他機型重疊，編號組合很多種。

▲萊桑尼戰車的車體前端左側。最終減速器的蓋子和車體前端是一體成型的鑄造結構，弧形垂掛零件是上下車時的踩踏處。

◀拖車架的上下兩處有孔洞，這輛車的上端裝有角狀掛鉤，下端則有U字形掛鉤，車體底部是平緩的V字形。

◀萊桑尼戰車的左側面。Mk.1以後的更改處是Mk.2的側裙樣式,以及輪框有孔的第一轉輪。

▲索繆爾戰車的左側面後方。後端的側面是雜物箱的把手、金屬固定零件、鉸鏈等多種配件。側裙的尾端以鏈條連接車體後端。

▲左側面的前方。漆成紅色的四方形凹槽收納著滅火器的把手,可從外部操作。側裙的一個托架上安裝一片面板。

◀左側面滅火器把手的特寫。四方形的部分原本應該是透明窗戶,但這輛車移除此設計。側面和上面裝甲板之間的焊接痕跡很明顯。

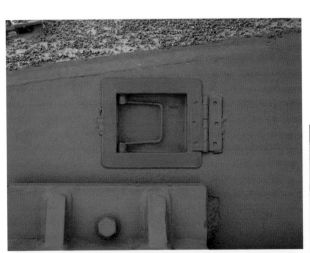

◀左側中央區塊。側裙下方是不規則的波浪形狀,左右兩邊互相對稱,所有面板的形狀都不一樣。

▲左側最尾端。面板下方被切成履帶的角度。

▲萊桑尼戰車的車體左側後方。裡面有燃料桶,雜物箱的空間極小。側裙面板中央有焊接數字「10」。

▲索繆爾戰車的車體左側後方。Mk.1側裙和車體的側面是一個平面,但Mk.1 Hybrid還包含安裝架的寬度,因此有高低差。

▶萊桑尼戰車的車體左側後方。車體中央的面板下端有排氣口,保留Mk.1原本的樣式,跟索繆爾戰車不一樣。

▼改裝Mk.1 Hybrid的側裙角鐵支架,Mk.2以後開始採用。在崎嶇地行駛時為了避免面板破損,不直接用螺栓固定在車體上,而是使用長橢圓形的板簧以保留彈性。

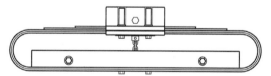

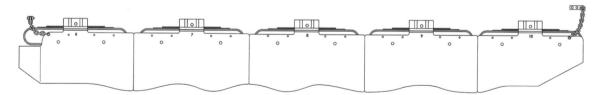

▲Mk.1 Hybrid配備的側裙左側。單側由5片面板組成,每片都使用板簧托架。由前而後依序為6～10號。

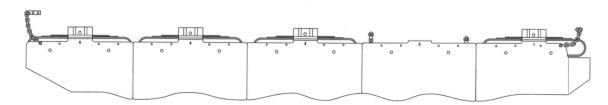

▲側裙的右側。由於最前端會往前收束,因此有一個避開板簧的缺口。面板編號為1～5。為了避開排氣孔,取消前面第2個支架並掛上兩條鏈子。

▶從後方觀看萊桑尼戰車的右側面。只有第一轉輪安裝有孔輪框。

▲從後方觀看蒙斯塔戰車的右側面。側裙和托架被移除了,因此車體下方一目暸然。中央有兩個側裙輔助配件。

▲裝著側裙的蒙斯塔戰車。轉輪統一使用普通款。

▲從前方觀看蒙斯塔戰車的右側面。配備3組霍斯特曼懸吊裝置,彈簧被擺成八字形,每2輪為一組。

▶索繆爾戰車的右側面上面。後方上面的圓形艙門是燃料箱注入口的蓋子。在砲塔下方隆起處,左右兩邊有些地方是平坦的。

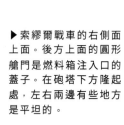

▲萊桑尼戰車的右側面排氣孔。以Mk.2為標準,比Mk.1更高大。內部隔板的數量變少了。只有此部分的側裙未使用附板簧支架。

▲右側面前方。最前方的側裙前端無法往內折,缺口是用來避開板簧的干擾。

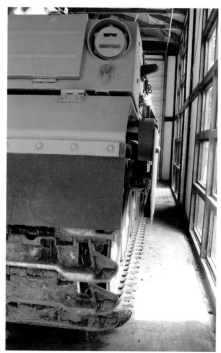

▲從後方觀看右側裙。板簧的部分有厚度,離車體側面較遠。

▲從後方觀看右側面的排氣孔。排氣口被放大後,上面的形狀也隨之改變。下端的前後方有用來懸吊側裙的鏈條架。

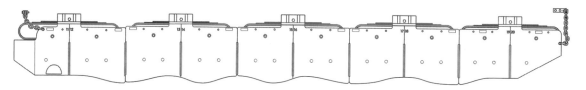

▲部分Mk.1 Hybrid車輛可能看得到這種側裙樣式。單側由10片面板組成,左側的編號為11 ~ 20。下端用螺栓在內側安裝附加裝甲。

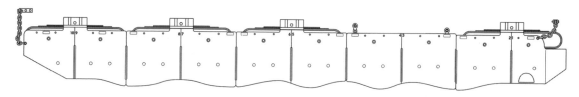

▲右側裙為1 ~ 10號。前端的半圓形缺口是腳踏處。每一個托架上裝有2片面板。

◀萊桑尼戰車的車體後方。中央有艙門，左右側有檢修艙門，結構幾乎和Mk.1一樣。

▲車體後面。左右側檢修艙門的開關把手比Mk.1的更長。

▼後面右側。外側有車尾燈，內側則是履帶更換專用箱。

▲後面左側。外側有車尾燈、車內對講機盒及2個滅火器。下方鉸鏈是擋板尾端的活動區域。

▲後方左側的引導輪底部。調整螺絲的長度比第20頁的Mk.1試產車短。車體的螺絲安裝方式也不同。

▲萊桑尼戰車的車體後面下端。兩側有拖車架、備用履帶架，左側是車輛號碼牌。中間的艙門由上下兩片面板組成。

▲中間艙門打開的樣子。左上方有黑色門把，從下方的梯形缺口操作並開門。

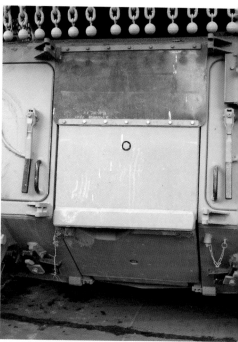

▲艙門關閉的樣子。上方的橡膠面板可遮蓋上門與車體之間的空隙，關閉時是平坦狀態。

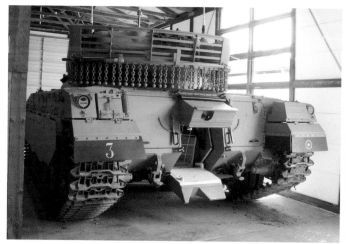

▲後艙門被打開的蒙斯塔戰車。細部構造幾乎和萊桑尼戰車一樣，上端的橡膠板是內收狀態。

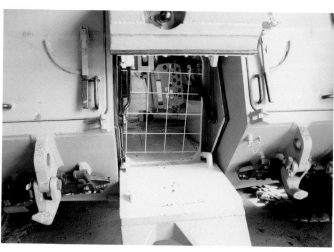

▲艙門內部。通常會裝配砲彈架，但這輛車幾乎是空的。博物館官方裝了大格柵以防止他人進入艙門。

◀蒙斯塔戰車的左側啟
動輪和轉輪。前擋板的
側裙是橡膠製品。所有
轉輪皆採用普通款式。

▲萊桑尼戰車的右側啟動輪和轉輪。第一轉輪增加了孔洞和溝槽,是
Mk.2 的改裝款。部分 Mk.3 車輛也會安裝這種輪胎。

▲Mk.2 採用的輕量型轉輪。直徑與普通轉輪相同,輪框有10個孔洞,
還有補強溝槽,只用於第一轉輪。

▲普通款轉輪。Mk.1 和 Mk.2 都使用這款。

▲轉輪的特寫。旋壓製輪框是用10個螺栓固定中央的輪轂,輪框外側有3
個小洞。

▲左側的第五和第六轉輪。履帶是簡約的單銷式結構,一個中央
導齒通過 2 片轉輪之間。

▲在戰車回收訓練中使用倒放的 Mk.1 Hybrid。側面兩處的懸吊掛鉤上掛著拖車鏈條。

▲萊桑尼戰車的左側引導輪,行駛之後有一些污泥附著在上面

◀右側引導輪。採鑄造製法,外圈呈波浪狀,輪胎和履帶接觸地面的部分也能清楚看到小孔洞。

▶索繆爾戰車的履帶。接觸地面的區塊是凸字形,左右兩側則是三角形。一般認為履帶的寬度為640毫米。

第3章

梅卡瓦Mk.2

梅卡瓦Mk.2於1983年登場,外觀上與Mk.1沒有太大差異,且已明顯改善了實戰的問題點,包括新增附加裝甲以及鏈簧、安裝新型側裙、加強引擎和變速箱等配備,且Mk.1 Hybrid也經過同樣的改良,戰鬥力大幅提升。此外,Mk.2C針對頂部飛彈攻擊進行強化,Mk.2D採用菱型裝甲並緩慢持續地修改,現在已經能在訓練部隊中看見它們的身影。

解說/竹內 修
Description : Osamu Takeuchi
Photos : Przemyslaw Skulski, Ofer Zidon, Michael Aronov, Bukvoed, Ereshkigal1, Dr. Zachi Evenor, Piotr Gotowicki, Matanya, Ricardo Tulio Gandelman, Oren Rozen, Oren1973, PawelDS, Staselnik, Vitaly V. Kuzmin, Vladimir Yakubov, IDF, IDF Spokesperson's Unit
Drawings : Kikuo Takeuchi

▲展示於以色列拉特倫戰車博物館的Mk.2。車輛編號為829001,被認為是Mk.2的試產車及改良測試車,某些細節和量產車稍有不同。

梅卡瓦Mk.2的開發

梅卡瓦Mk.1在1982年黎巴嫩戰爭中的表現超乎預期,但也受損程度也不小。黎巴嫩戰爭以前,以色列國防軍已開始研發梅卡瓦的改良型號——梅卡瓦Mk.2,後來再根據黎巴嫩戰爭的經驗進一步改良。

如今已過40年以上,以色列國防軍仍未詳細公開梅卡瓦Mk.1在黎巴嫩戰爭中的受損情況,據傳多數受損的梅卡瓦Mk.1是由反戰車地雷所造成。因此,梅卡瓦Mk.2新增了螺栓和固定零件,用於安裝除雷滾輪和推土鏟。

雖然梅卡瓦Mk.1被反戰車武器摧毀的數量仍不明,但以色列國防軍得出結論:多數梅卡瓦Mk.1被摧毀的原因在於戰車最脆弱的裝甲區域,也就是砲塔後方容器底下,砲塔與車體接合處被擊中的緣故。因此,梅卡瓦Mk.2增加了「球鏈」(又稱「鏈簧」防禦系統)以保護砲塔與車體接合處。

球鏈系統位於砲塔後方,由多條連著鎖鏈的鐵球排列而成,是一種簡單便宜的配備,西方研究人員甚至將它稱為「窮人的反應裝甲」。不過,以色列國防軍的測試報告顯示,當反戰車武器的彈頭在砲塔前幾公分處碰到鐵球時,攻擊會被無效化,球鏈被認為是很有效的系統,Mk.3及後續型號都有安裝。

雖然梅卡瓦Mk.1保護成員的能力在黎巴嫩戰爭中得到應證,但是根據參戰的梅卡瓦Mk.1成員訪談的內容,許多人很擔心敘利亞T-72戰車的125毫米滑膛砲。因此,以色列國防軍在梅卡瓦Mk.2的砲塔上安裝了附加裝甲以提高防護力。

附加裝甲的細節仍然不明,但一般認為是Blazer類型的反應裝甲,後來車體也安裝了同材料的附加裝甲。此外,側裙也改為有彈簧的複合裝甲,經過這些改良後,梅卡瓦Mk.2的防禦力和成員存活率,相較於梅卡瓦Mk.1獲得大幅提升。

正如其他項目提到的,梅卡瓦Mk.1的

【梅卡瓦 Mk.2 性能規格】

全長:8.630m
車體長:7.450m
全寬:3.700m
全高:2.750m(含車長塔)
最低底盤高:0.470m
重量:60噸
成員:4名(車長、砲手、裝填手、操縱手)
　　　最多可容納6名士兵
武器裝備:L7/M68 105㎜ 51倍徑線膛砲
　　　　　彈藥62發
　　　　　7.62㎜ 機槍×3挺
　　　　　60㎜ 迫擊砲×1門
引擎:Teledyne Continental Motors AVDS-
　　　1790-6A V12柴油引擎
最大輸出:900馬力
變速箱:Ashot Ashkelon RK304A
　　　　(油壓機械式四段自動變速箱)
最高速度:46 km/h(路面)
燃料桶容量:1400公升
續航距離:500 km

▲2013年，在傑利姆基地進行指揮官訓練的Mk.2B。Mk.2是Mk.1經過多方改良後的成品，而Mk.2B進一步引進了後期型履帶等配備。

砲塔右側配備了60毫米迫擊砲，但砲手可能在使用時遭受攻擊，因此梅卡瓦Mk.2以後的迫擊砲被移至車內。

梅卡瓦Mk.1在主砲同軸和車長塔上，各配備了一挺FN MAG 7.62毫米機槍作為副武器。在黎巴嫩戰爭的梅卡瓦組員訪談中，許多人表示很擔心敘利亞軍的戰鬥直升機，因此以色列國防軍在梅卡瓦Mk.2砲塔前方底部新增了可在車內操作的50

M2 12.7毫米機槍，同時在砲塔上的裝填手艙口新增一挺FN MAG。1983年後期，以色列與真主黨在黎巴嫩南部發生戰鬥，據說12.7毫米機槍發揮了極大的效果。

梅卡瓦Mk.2的主砲與梅卡瓦Mk.1一樣採用M68 51倍徑線膛砲，但梅卡瓦Mk.2的第一個改良型號Mk.2B提升了主砲的命中準度，包括安裝YAG雷射測距儀、砲手紅外線夜視鏡，且更新計算彈道的電腦。

同時，上述電子儀器的控制系統也加強了彈藥撞擊的承受度。

梅卡瓦Mk.2的引擎與梅卡瓦Mk.1相同，採用900馬力的AVDS-1790-6A，但變速箱由Allison CD-850-6BX換成以色列自行改良的電子控制式Ashot Ashkelon RK304A。

Ashot變速箱的動力耗損較少，梅卡瓦Mk.2的續航距離不僅從Mk.1的250公里

▲基本上拉特倫戰車的規格和初期量產車很相似，側裙、托架、砲塔側面的附加裝甲等部分皆沿用Mk.2B「Bet」以後的款式。

▲在Mk.2B的車體前方安裝「Nochri Degem Bet」除地雷機。以色列參考蘇聯的KMT-4並開發除地雷機，安裝於車輛的方法很類似。

▲ 正在西薩風基地的高等戰車學校訓練的 Mk.2B。砲塔後方中央有頂部開放的教官座,各部位皆安裝了模擬戰專用管理系統。車體前端用於工兵設備的附件。

增至大約500公里,而且還更好操作。

梅卡瓦Mk.2的演變

梅卡瓦Mk.2生產於1983年至1989年,期間從Mk.2B演變為Mk.2C。Mk.2C分別在砲塔上面安裝附加裝甲,並在砲塔加裝傘狀裝甲,另外還增加了車長監視器以接收砲手紅外線夜視裝置的影像。有些資料會將Mk.2B稱為Mk.2A,將Mk.2C稱為Mk.2B。

以色列製造了580輛梅卡瓦Mk.2,其中有部分車輛被改裝為Mk.2D「Dor-Dalet」。Mk.2D「Dor-Dalet」在砲塔前端和車體周圍安裝了模組裝甲以增強防禦力,並強化發射型反戰車飛彈「LAHAT」的運用能力。

梅卡瓦Mk.2隨著Mk.3以及Mk.4的出現而退出第一線,部分車體的砲塔被移除,並裝設箱型士兵室作為裝甲運兵車「Ofek」,以色列國防軍目前仍在使用。

▲ 2006年以黎衝突時的Mk.2B。在車輛左側拉開帳幕,進行野外紮營。砲塔的機槍採用輕裝備,只有填裝手7.62毫米機槍。這輛車可能是搭配後方推土機的支援部隊護衛車。

▲2013年，在傑利姆基地訓練的Mk.2B。從正面觀察會發現，有附加裝甲的砲塔及後期型履帶（參考第59頁）的外觀與
Mk.1 Hybrid不一樣。

▼2014年，在約旦河谷進行演習的第6裝甲旅團Mk.2B。砲塔往右轉，可看出砲塔正面的投影面積較小。

◀拉特倫戰車的正面。這是Mk.2試產車,許多地方採用前面提過的Mk.2B樣式,是新型裝備的測試車型。

◀從左側觀看車體的正面。沿用Mk.2最初的附屬安裝架設計。此外,Mk.2後續型號的上面引擎檢修艙門的鉸鏈變大了。

▲車體上面左側。從Mk.1以後的操縱手艙門以及吸氣口格柵等配備位置都保持不變。

◀從右前方觀看砲塔上面,車長機槍架被移除了。車長塔艙口上的旋轉式潛望鏡是Mk.2B款式。前方潛望鏡的各型號上方都有防護蓋板。

▲砲塔左側面。從Mk.2開始用螺栓固定附加裝甲,可作為區分Mk.1 Hybrid的依據。這輛車的附加裝甲使用表面有小螺栓的Mk.2B款式。

◀砲塔右側面的後方。後方的籃子是放大款新設計,球形鏈條是標準裝備。此外,煙囪形裝備是新安裝的火控系統專用環境感測器。

▲從左後方觀看砲塔的後端和籃子。底部從網格板改成穿孔金屬板。備用履帶可以裝在砲塔後面,也能裝在籃子裡。

▲早期生產的 Mk.2 右側面（車輛編號 810086）。砲塔側面的附加裝甲沒有小螺栓。側裙的托架上裝有長方形板簧。

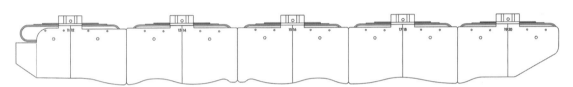

▲Mk.2 的側裙左側。看起來很像第 33 頁的 Mk.1 Hybrid，但單側片數從 5 片變成 10 片。

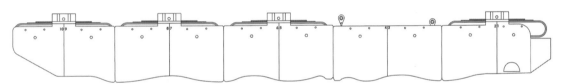

▲Mk.2 的側裙右側。由右而左的編號為 1 到 20。為了避開排氣孔，1 到 4 號的面板位置較低。

▼2013 年在傑利姆基地訓練的 Mk.2B 左側面。砲塔側面的附加裝甲有鉚釘，側裙和托架都是後期規格。部分轉輪是 Mk.3 以後開始採用的鋼製轉輪。

▲拉特倫戰車的左側面前方。吸氣孔正前方的車頭燈是收起狀態。側裙托架上的板簧從長方形改成簡約的疊板。

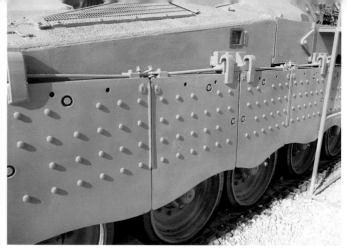

▲左側裙。表面有很多固定螺栓的款式,內側則有附加裝甲。面板外側上方焊接的「II」是第二代裝甲。

◀車體左側後方。19號和20號側裙。側面雜物箱的周圍有整齊的固定零件和把手,比Mk.1更簡約。

▲裝有疊板式板簧的新型側裙托架。在四個地方增加螺栓以固定面板固定。

▶Mk.2B後續型號的常見側裙左側。由10片面板組成,由前而後為11到20號。面板表面有許多固定螺栓,托架的板簧也改為疊板。

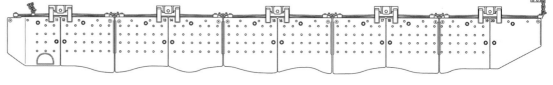

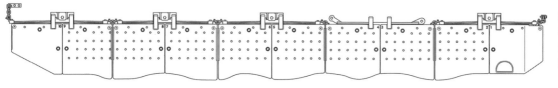

◀Mk.2B的側裙右側。托架被更動後,排氣孔區域3號、4號面板的懸吊方式也隨之改變。托架的兩端以鎖鏈連接。

▼2012年,Mk.2B與第933步兵旅團共同訓練。兩輛戰車的後方裝有2個折疊式托架,這種托架從Mk.3開始引進。

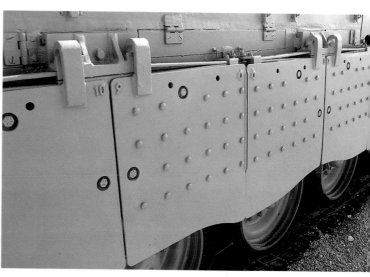

▲拉特倫戰車的車體右側面。砲塔的砲手瞄準器前方也有替代彈跳板的附加裝甲。排氣孔的區塊比Mk.2大，Mk.1 Hybrid也有被升級改造。

▲右側面的後方。側面上方的雜物箱可以清楚看到側裙的細節。側裙的面板上以螺栓固定，上方的焊接鉤子上掛著托架。

▲右側面前方。右側面的1號面板與左側不一樣，表面沒有小螺栓。擋板前端的橡皮製側裙從Mk.1開始維持不變。

▲右側面的排氣孔。後方是空氣過濾器設備的艙門。側裙3、4號面板的固定方式改變了，從鎖鏈懸掛的形式改為專用支架。

▼2013年，Mk.2B在傑利姆基地進行城鎮戰的演習（車輛編號833457）。後門兩側的折疊式托架是Mk.2B的特徵，底下的架子沒有安裝備用履帶。

◀ 拉特倫戰車的車體後面。除了備有 2 個托架之外，其餘部分與 Mk.1 幾乎一樣。底下裝有兩條備用履帶。

▼ 後方左側的引導輪底部。調整履帶鬆緊的螺母上加裝了大型環。上方可以看到籃子的底面和安裝托架。

▶ 後擋板的左側。車尾燈以及車內對講機等配備都與 Mk.1 相同，但內側的滅火器被移除了。

▶ 後方左側拖車吊鉤、備用履帶、車牌等配件。上方籃子的托架有安裝鉸鏈，可以折疊。

▲ 後擋板的右側。後端裝有附鉸鏈的移動式橡膠製護板，扭力彈簧從內側固定。

◀ 2014 年加沙地帶邊境附近，正在補給主砲彈的 Mk.2B（車輛編號 815826）和成員。車輛的後門敞開，正在填裝砲彈。4 名成員身穿防彈背心，在戰鬥過程中彈時可提高生存率。

▲拉特倫戰車的左側啟動輪，從Mk.1開始就沒有太大變化。

▲右側引導輪的底部。引導輪也是從Mk.1起就維持不變，底部履帶鬆緊調整裝置的細節稍有改動。

▲左側第一轉輪。受百夫長等英式戰車的影響，大直徑轉輪和上方轉輪併用。

▲放著車輪檔的左側第三轉輪。雖然Mk.2沿用了Mk.1的轉輪，但在前線部隊也能看到部分車輛升級改造成Mk.3轉輪。

◀從底部內側觀看轉輪的懸吊系統。內側裝有彈簧，外側則是阻泥器。

▲側裙內部的懸吊系統和上方轉輪。懸吊系統以兩輪為一組，功能很充足，但轉輪的間隔和配置受限是一個問題。

▶Mk.2使用的履帶。形狀幾乎與Mk.1相同，但肋材、小孔等細部零件不同。

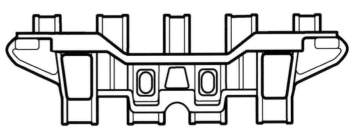

《 梅卡瓦 Mk.2C 》

1984年,Mk.2B在Mk.2生產期間登場,射擊系統升級,主砲的命中準度提升。此外,車長塔安裝了旋轉式潛望鏡,但從1985年開始,砲塔上面裝配附加裝甲的Mk.2C開始服役,可因應反戰車飛彈的頂部攻擊。Mk.2C將瞄準器更新為紅外線熱成像,採用全自動化變速箱,車體後面增加了折疊式托架,進行諸多改良。

▲ 2009年,Mk.2C在煙霧瀰漫的戈蘭高地進行演習,車體正面備有衝車。Mk.2C的特徵是砲塔上面有很厚的附加裝甲。

◀ 2012年,Mk.2C在演習期間跟著Mk.2D以及M113薩爾達(Zelda)等戰車前進。車體安裝了演習專用管理系統。右側裙保留前面2片,其餘全部移除,上面有破損。

▲ 2002年參與傑寧之戰的Mk.2C。為了因應城鎮上的非正規戰鬥,車體後方有兩個空籃。

◀ Mk.2C 的 車 體 前 面 有 Nochri Degem Bet除地雷機。為了避免異物侵入,在車體上面用罩子蓋住左右側的吸氣口,進行LIC改良。

▼2009年，第77戰車大隊的Mk.2C在戈蘭高地的沼澤地演習。第77戰車大隊曾於1973年第四次以阿戰爭的眼淚谷之戰中經歷一番激烈戰鬥。

▲2014年，由上往下觀察第7裝甲旅團Mk.2C。可以清楚看到砲塔上面新增的附加裝甲。砲塔左側面裝有滅火器，氣瓶是藍色的。

▼參與2006年以黎衝突的Mk.2C。煙霧彈發射機有附蓋子。成員配戴防彈安全帽，手持步槍自保。

◀參與2006年以黎衝突的Mk.2C。士兵正在補充煙霧彈發射機。前方沒有裝配12.7毫米機槍，砲管底部的帆布改成裝甲罩。

▼2011年，工兵部隊共同演習，在煙霧中前進的Mk.2C。砲塔前方的12.7毫米機槍只有安裝機槍架。

▲2014年第7裝甲旅團Mk.2C。砲手瞄準器只有打開夜視鏡。車長專用7.62毫米機槍架的左側架子上有用來自保的自動小槍。

▲拍攝於2014年的第7裝甲旅團Mk.2C。Mk.2C除了在砲塔上面加裝附加裝甲，還採用紅外線熱成像瞄準器、全自動式自排變速箱，進行各種改良。

◀正在爬坡的Mk.2C。前面已安裝除地雷機的配件，但因為沾上泥巴而看不清楚。

▶第7裝甲旅團的
Mk.2C。這輛車的
砲塔上面及車體前
端上面都有增加附
加裝甲,但有些車
輛並未安裝。

◀2004年入侵黎巴嫩的Mk.2C(車輛
編號810042)。士兵正在拆除車體底
部的附加裝甲,可以在前方看到連接拖
車架的安裝接頭。

▼從左後方觀看Mk.2C。籃子後面的布條上寫著A中隊的暱稱
「ALON」(橡木的意思),車體後籃的小型折疊擔架以皮帶固
定。

▼正在休息的第7裝甲旅團Mk.2C。砲塔後方立著白色天線。此外,只有左側裙的前端立著一根長型車身桿。

▲2015年第7裝甲旅團第603大隊的訓練情況。這輛Mk.2C(車輛編號820395)的左側裙不整齊,應該是面板的順序或左右方向不合。

▲訓練中的Mk.2C。左側裙被拆除了,有可能跟第50頁是同一輛戰車。雖然輪子因為滿是泥土而看不清楚,但可能已換成Mk.3以後的鋼製轉輪。

▼西薩風基地的高等戰車學校,兩輛訓練中的Mk.2C。前方車輛將砲塔後方的天線往前彎。後方冒黑煙的戰車有安裝除地雷機。

▲在前方訓練射擊的Mk.2C。這輛車的右側裙只保留1號和10號。4號和5號轉輪被換成鋼製轉輪。

◀ Mk.2C訓練中,步兵正從車內的彈藥室艙門下車。移除彈藥後最多可容納8名士兵。

▲右側輪底的特寫。履帶形式看起來很像Mk.4,但前後連接處不同,啟動輪的車齒咬合孔的寬度也不同(請參考第95頁)。

▶Mk.2C從排氣孔釋放煙霧,用煙霧彈發射機發射彈藥。砲塔的天線座像金屬線一樣往下彎。

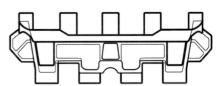

▲Mk.2C的新型履帶。接觸地面的部分呈直線,整體改為角狀的款式,有些Mk.2B和Mk.2D也會安裝。

◀M60巴頓的升級版「馬戈其7」戰車。右側車輛的履帶是Mk.2C和Mk.2D通用款。

《 梅卡瓦Mk.2D「Dor-Dalet」》

梅卡瓦Mk.2D「Dor-Dalet」又被稱為Mk.2「Batash」，砲塔和車體裝配第四代模組裝甲，外觀大幅改變。特別是砲塔側面有Mk.3D「Dor-Dalet」、Mk.4的楔形附加裝甲。此外，還採用了新型側裙、底面的附加裝甲，以及與馬戈其6B「Gal Batash」通用的新型履帶，充分提升性能以輔助Mk.3和Mk.4。

▲入侵黎巴嫩時被拍下的Mk.2D。砲塔側面、車體側面、車體前端的上面左側都有附加裝甲。車體底部也有附加裝甲。另外還進行了LIC改良，安裝排氣口遮罩、排氣網。

▼2015年，Mk.2D與第900步兵旅團「Kfir」進行共同訓練。車體前端有衝車和拖車鏈條。左側面的車前燈裝上附加裝甲後變成固定款式，車燈也減少至一盞。

▲2012年，Mk.2D（車輛編號820364）在加沙地帶周邊待機，為了對抗武裝組織哈馬斯（HAMAS）的攻擊而做準備。車體前方安裝了拖吊專用延長掛鉤。底部的附加裝甲與普通款不一樣。

▲ 2011年，在戈蘭高地演習中的Mk.2D。砲塔籃和附加裝甲的形狀大幅改變，設計比同裝甲的Mk.3D、Mk.4更簡練，因此受到好評。

▲ 2015年，Mk.2D與第202空艇大隊合作訓練。砲口上方有三角蓋板與120毫米砲Mk.3、Mk.4相同。左車前燈有安裝蓋板，不使用時會蓋上。

▼ 2015年，正在戈蘭高地訓練的Mk.2D。車體側面的模組附加裝甲，是在車體和砲塔之間填充射擊陷阱的高牆。

▲ 2012年，在加沙地帶集合的Mk.2D。車體側面也有安裝附加裝甲，側裙類似Mk.4M的款式，轉輪以Mk.3的款式為準。

▼2012年，Mk.2D與Egoz特種部隊進行聯合演習。側裙因為要在泥地中行進而被拆除，可以清楚看到面板內側的厚附加裝甲。

▲2012年，在部隊裡進行射擊對抗戰的Mk.2D。從Mk.2B開始更換砲管的排煙機，在前方新增維修支架並移除隔熱套管。

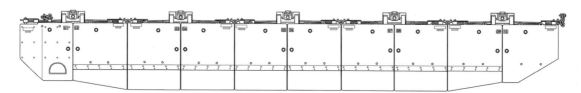

▲Mk.2D安裝的側裙左側。表面結構跟Mk.4M的側裙一樣平，編號由左而右為1～10號，下端有直線型橡膠側裙。

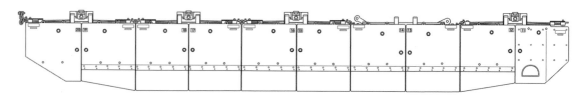

▲Mk.2D的側裙右側。面板編號為11～20號。結構幾乎跟左側一樣，與Mk.4M的不同之處在於排氣孔有是專用支架。

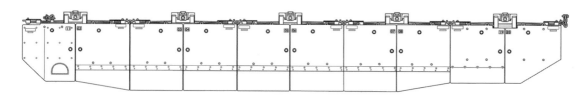

▲Mk.2D裝配的另一款側裙。最後第8片和第9片的形狀不同，下方橡膠側裙的切角更大。

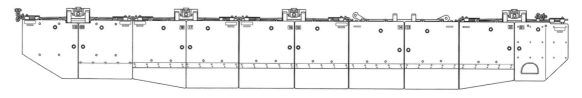

▲Mk.2D另一款側裙的右側。面板編號無固定規律，右邊是01、12～18、09、10號，左邊是11、02～07、19、20號。托架採用普通款。

▲ 2015年，第7裝甲旅團第603大隊的Mk.2D（車輛編號820364，和第56頁是同一輛戰車）。後面的配備從Mk.2C開始幾乎不變。有安裝附加裝甲，砲塔從後面看起來好像沉入車體的感覺。

▼ 2012年，在加沙地帶待機的Mk.2D。可以清楚看到車體側面、側裙內側的附加裝甲的厚度。後方的車身桿裝在車尾燈的箱子上。

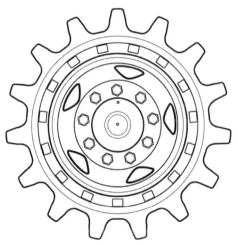

▲ Mk.2D使用的啟動輪。更動之處是外側車齒的固定螺栓，從六角形改為四角形，或許是Mk.2C以後的新履帶專用螺栓。

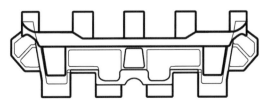

▲ 從Mk.2C開始使用的新型履帶，是Mk.2D的標準款履帶。形狀比舊型更簡約，可與馬戈其戰車共用。

第4章

梅卡瓦Mk.3

梅卡瓦Mk.3戰車於1989年亮相,採用120毫米火砲,重新修改模組裝甲防護系統、引擎以及懸吊系統等設備,進行攻守兼備的全方位改良,性能明顯比Mk.2提升更多。梅卡瓦Mk.3是1990年代以色列軍的主力戰車,後續持續進行改良,例如「Baz」型號強化了火控系統,「Dor-Dalet」型號則安裝了菱形裝甲。

解說/竹內 修
Description：Osamu Takeuchi
Photos：Przemyslaw Skulski, Ofer Zidon, Bukvoed, Neil Cohen, Ereshkigal1, Dr. Zachi Evenor, Piotr Gotowicki, Matanya, Ricardo Tulio Gandelman, Oren Rozen, Oren1973, PawelDS, Staselnik, Vitaly V. Kuzmin, Vladimir Yakubov, IDF, IDF Spokesperson's Unit
Drawings：Kikuo Takeuchi

【梅卡瓦 Mk.3 性能規格】

全長：9.040m
車體長：7.600m
全寬：3.700m（不含側裙）
全高：2.660m
最低底盤高：0.450m
重量：65噸（升級時）
成員：4名（車長、砲手、裝填手、操縱手）
　　　最多可容納6名士兵
武器裝備：MG251 120㎜ 44倍徑滑膛砲
　　　　　彈藥50發（機械鼓式即時彈藥5發）
　　　　　7.62㎜ 機槍×3挺
　　　　　60㎜ 迫擊砲×1門
引擎：Teledyne Continental Motors AVDS-1790-9AR V12柴油引擎
最大輸出：1200馬力
變速箱：Ashot Ashkelon RK304A
　　　　油壓機械式四段自動變速箱
最高速度：60km/h（路面）
燃料桶容量：1400公升
續航距離：500km

▶ 在以色列南部內蓋夫沙漠中移動的Mk.3（車輛編號835185）。砲塔右側的車長塔前方裝有車長瞄準器,砲手瞄準器改為「Baz」規格。

梅卡瓦Mk.3的開發

梅卡瓦Mk.1在1982年黎巴嫩戰爭中擊敗蘇聯製T-72戰車的原因,是因為以色列開發了新型APFSDS-T彈藥,梅卡瓦Mk.2與Mk.1一樣採用L7/M68 51倍徑105毫米線膛砲。

然而,根據間諜報告顯示,蘇聯在黎巴嫩戰爭中擄獲了以色列戰車後,便抄襲以色列的爆炸反應裝甲「Blazer」並研發出「Kontakt-1」,他們有可能將Kontakt-1提供給其他中東敵國,同時應用於T-80戰車。因此,1983年8月梅卡瓦Mk.2首批量產車交付給以色列國防軍時,他們展開了提升梅卡瓦能力的計畫,梅卡瓦Mk.3就此誕生。

由於前述原因,梅卡瓦Mk.3的主砲由L7/M68改為44倍徑120毫米滑膛砲,與豹式2型、90式戰車、A1模型以後的M1艾布蘭戰車相同。

梅卡瓦Mk.3採用的120毫米滑膛砲MG-251由以色列國內開發,但為了在緊急時刻從美國引進彈藥,規格跟A1以後的M1戰車一樣都是L44。

梅卡瓦Mk.1和Mk.2可攜帶62發105毫米砲彈,但隨著砲彈體積變大,梅卡瓦Mk.3的彈藥承裝量減少至50發。此外,

◀蘇聯的AT-3火泥箱、RPG-7等武器可發射反戰車高爆彈,以色列的拉斐爾公司為了與之抗衡,研發出爆炸反應裝甲「Blazer」。

▶以色列軍的M60A1巴頓戰車安裝了Blazer。在1982年黎巴嫩戰爭中發揮效果,但蘇聯擄獲戰車後抄襲該技術,製造出「Kontakt-1」等配備。

▲梅卡瓦Mk.3以後採用的轉輪懸吊系統。Mk.2以前的懸吊裝置是轉輪兩輪一組，後來改成一輪一組。

▲Mk.2以前的主砲是L7/M68 105毫米線膛砲，後改為威力更強的MG251 120毫米44口徑滑膛砲。火控系統改變後，命中率也隨之提高。

主砲變大後，俯角也從負8.5度變成負8度。

以色列國防軍想提升命中準度以彌補彈藥承裝量減少的問題，於是開發出新型火控系統「巴卡爾恩」，該系統採用雷射測距儀、火控電腦和晝夜瞄準系統。車長的瞄準器倍率為2倍以及4倍，砲手則是2倍；兩者都搭載了雙軸瞄準線穩定系統，使梅卡瓦Mk.3成為以色列國防軍首輛可在行軍間射擊的戰車。

梅卡瓦Mk.3不僅強化了攻擊力，也非常注重防禦力的提升，其中一項改良是採用模組裝甲防護系統。該系統會在砲塔側面和側裙上以螺栓安裝模組裝甲，必要時候可拆卸或更換更好的裝甲模組。

以色列吸取黎巴嫩戰爭的經驗，將砲塔從油壓式改為電動式，不再使用可能引發火災的油。此外，他們還開發了攜帶120毫米砲彈的防火保護筒，可在動能攔截器接觸時保護成員。

梅卡瓦Mk.3是梅卡瓦系列中首次配備雷射感測器的戰車。此外，煙霧彈發射機除了可以發射煙霧彈之外，還換裝了「POMALS」彈藥發射裝置，可發射干擾箔、熱誘彈、對人榴彈或信號彈等。POMALS與雷射感測器相連，當檢測到威脅時，兩側砲塔上的6連裝發射器會朝威脅方向自動發射煙霧彈。

梅卡瓦Mk.3還配備了Mk.2的60毫米迫擊砲。以色列國防軍在黎巴嫩戰爭中用迫擊砲發射信號彈，使敵方夜視裝置失效，在戰鬥中取得上風。然而，也有人指出在混戰中設置迫擊砲很困難，於是以色列開

▼在戈蘭高地進行火砲演習的Mk.3。由於砲彈變大了，主砲由俯角負8.5度稍微減少至8度。

▲展示於以色列拉特倫戰車博物館的Mk.3。車輛編號為829969，是Mk.3試產車。

▲拉特倫戰車的正面。車體沿用Mk.2的設計，側裙也沿用Mk.2後期款式。

發了POMALS系統。

梅卡瓦Mk.1和Mk.2的動力來源由Teledyne Continental Motors開發，採用AVDS-1790-6A V12柴油引擎（900馬力），而梅卡瓦Mk.3則換裝衍生型號AVDS-1790-9AR V12柴油引擎，輸出功率增至1200馬力。

梅卡瓦Mk.3的懸吊系統也被改良，每個轉輪改用雙層螺旋彈簧支撐，中央兩個以外的其他轉輪上增加了阻泥器。同時，變速箱也改用以色列國內開發的新型變速箱。

梅卡瓦Mk.3的發展

自1989年開始服役以來，梅卡瓦Mk.3經過多次改良，砲塔頂部安裝了附加裝甲以因應頂部攻擊，Mk.3B則改良了空調系統。此外，1995年和2000年分別出現Mk.3「Baz」以及「Dor-Dalet」兩種改良型號。

「Baz」升級了火控系統，砲塔正面新增車長旋轉瞄準器，加強自動追蹤目標的能力，大幅提高對直升機等高速移動目標的攻擊力。「Dor-Dalet」在砲塔側面安裝大型的菱形模組裝甲，由「Baz」改裝的車輛則被稱為「Baz Dor-Dalet」。梅卡瓦Mk.3B以後的部分車輛被改裝成Mk.2章節的LIC規格。

▼正在對黎巴嫩展開作戰行動的Mk.3（車輛編號833022）。與Mk.2的不同之處很明顯，例如砲塔上的120毫米火砲，平坦垂直切割的側面，且上面新增了厚附加裝甲。

▶在內蓋夫沙漠爬坡的 Mk.3（車輛編號 835264）。觀察正面能看出目前的梅卡瓦設計概念，比如左右不對稱的砲塔和車體，或是盡力壓低的線條輪廓等。

◀1998 年黎巴嫩南部 Sharifa 前線基地，配備 M109 155 毫米自走榴彈砲的 Mk.3 正在停車。車體上面後方的凹凸幅度比 Mk.2 小，改為簡約的結構。

▼在內蓋夫沙漠中行動的 Mk.3「Baz」。車體左右側的車前燈從 Mk.3 開始採用收納式。Mk.3D「Dor-Dalet」（車輛編號 835397）跟隨在後。

◀拉特倫戰車的砲塔前面。Mk.2以前的基本概念不變，但因為裝甲增厚，厚度和寬度跟著變大。

◀砲塔前方左側。起初生產時，煙霧彈發射機（POMALS-彈藥發射裝置）被裝在前端的左右側。

▶厚附加裝甲裝在砲塔上端。120毫米火砲的左側有62毫米同軸機槍專用的縫隙。

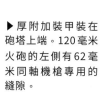

◀Mk.3開始搭載120毫米滑膛砲。砲管中央的排煙器比105毫米火砲還大。

◀從上方觀看砲管的排煙器。量產車會覆蓋一層鋼材，但這輛試產車的表面露出了纖維素材。

▲排煙器的砲管前後方裝著105毫米火砲的隔熱套管。

▲拉特倫的砲塔前端左側。砲塔上能清楚看到模組裝甲的縫隙。

▲砲塔左側後方。側面的形狀比Mk.2更多稜角。火控系統的環境感應器移到左側。

▶砲塔後方凸起處的下方有球鏈。鎖鏈沿著砲塔的斜度變長，延伸至籃子下方。

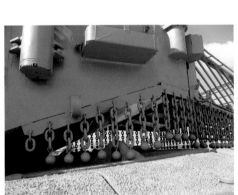

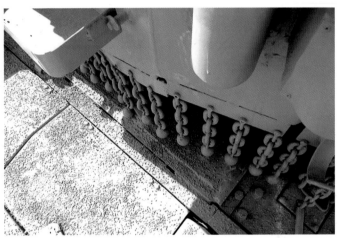

▲從上方觀看球鏈。凹凸幅度比Mk.2以前的型號小，車體上面有粗糙的防滑塗層。

◀從後方觀看砲塔籃的左側。結構幾乎與Mk.2相同，形狀更單純。

▼砲塔籃後面的球鏈。右上方的細鎖鏈可將拖車繩固定在電纜架上。

▲從前方觀看環境感應器。用螺栓固定在砲塔側面的前後4處。

◀拉特倫戰車的砲塔右側前方。煙霧彈發射機是空的，單側共可填裝6發彈藥。

▼砲塔右側前端。裝上附加裝甲後，已經看不出Mk.2以前的原始砲塔形狀。

▲砲塔右側中央。可以看到上方有砲手瞄準器、車長機槍架等設備。

▲砲塔右側後端。前方有掛著拖車纜繩的架子、滅火器支架、天線座等配件。最後面的雷射警戒感應器裝有模型。

▲砲塔右側後方的凸起區塊。跟左側不一樣的地方在於後籃以前的形狀並非直線，側面和下面有夾角。

▶後籃的右側。籃子下方的側面和後方焊接了U字形支架，掛著兩條拖車纜繩。

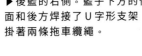

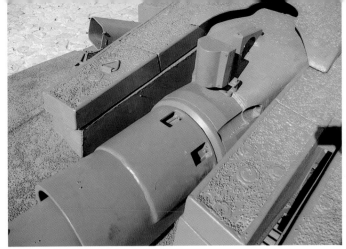

▲左從左側觀看拉特倫戰車的護盾上面。護盾底部改用裝甲麭覆。雷射警戒感應器上裝有模型。

▲從右側觀察護盾的周圍。底部的上面從帆布改成銅板,上面的模組裝甲安裝了裝卸用途的三角形吊鉤。

◀從後方觀看砲塔上面的.50 M2 12.7毫米機槍。砲塔轉向斜右方,所以可以看到車體前端上面的砲管支架。

▲從上方觀看左側煙霧彈發射機底部。從固定螺栓的位置來看,煙霧彈發射機的本體是左右通用的。

▲砲塔上面中央區塊的左側。前方設有兩個附門鎖與把手的艙門,採用車內填裝60毫米迫擊砲,Mk.2以後維持不變。

▲左側側面的砲塔內部有台階,台階的上面也有防滑塗層,砲塔下端的車體上可以看到引擎吸氣口的網格。

▶砲手瞄準器。形狀幾乎與Mk.2的款式一樣，但這輛車前面2個艙門被焊接成關閉狀態。

▲拉特倫戰車的砲塔右側前端上方。附加裝甲的表面有清楚的圓形固定痕跡。從裝卸用途的三角型吊鉤可以看出附加裝甲相當重。

▲從前方觀看車長塔。跟Mk.2一樣前方安裝了TRP車長潛望鏡。

▲砲塔上面的右側。瞄準器的前方和側面焊接著許多無彈片的細板。

▲砲塔上面的中央區域。為了避開砲手瞄準器和60毫米迫擊砲，上面的附加裝甲有缺口。

▲從左側觀看車長塔。前方有TRP車長潛望鏡，車長塔的周圍有固定式潛望鏡，上方有旋轉式潛望鏡。

◀從左側觀察裝填手艙口。跟Mk.2以前的型號一樣都是D字半圓形，前方也有配備旋轉式潛望鏡。

▲拉特倫戰車的砲塔籃內部。底面有很多圓孔金屬板，安裝著2片備用履帶，耐重度應該很強。

▲從右側觀看砲塔後方的上面。不同於Mk.2以前的型號，艙門的鉸鏈或把手等配件排列整齊。

▲車體正面。基本形狀和外觀佈局都沿用Mk.2以前的概念。

▲車體前方的上面。兩處有引擎、變速箱檢驗艙門的鉸鏈、砲管支架的位置幾乎都跟Mk.2以前一樣。

◀Mk.3的前面安裝了Nochri Degem Gimel除地雷機。跟前型號Nochri Degem Bet不一樣，機台安裝在前面的拖車架上，拆裝更方便。

◀車體左側。收納式車頭燈很不明顯，在吸氣孔的前方，4個螺栓的正後方。

▲拉特倫戰車的前上方左側。Mk.2以後的基本形狀和外觀佈局維持不變。

▲車體左側的吸氣孔附近。車體側面的裝甲以一字平頭螺絲固定。

▲車體上面左側。右側有位置偏移的引擎台階、上方艙門的球鏈和把手等配件。

▼車體前端的右側上面。左側的上面艙口有砲管支架，擋板上有長方形格柵。

▲從右上方觀看吸氣孔附近。照片左邊有操縱手艙口和潛望鏡。

◀ 入侵黎巴嫩時拍攝的 Mk.3。左右側的收納式車前燈都是開啟狀態。前面的拖車架上裝著一條砲塔籃的拖車纜繩。履帶是初期類型（請參考第 75 頁）。

▶ 拉特倫的左擋板前方。前面有 3 片橡膠側裙，側面則是 1 片。後方的鉸鏈可讓側裙往上彈。

▲ 左側面的前側裙。一般認為拉特倫戰車沿用了 Mk.2 的側裙，前端的「III」焊接標誌代表第三代裝甲。

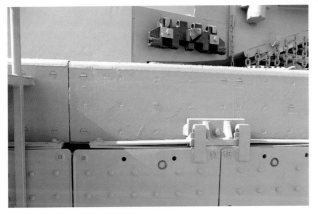

◀ 左側面後方的 17 號和 18 號側裙。焊接在車體側面的側裙托架一樣是沿用 Mk.2 的款式。

▼ 拉特倫試產車的側裙左側。從表面的鉚釘數量來看，應該是暫時採用 Mk.2 的款式。

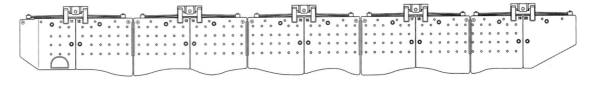

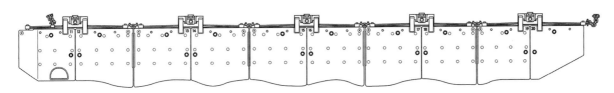

▲ Mk.3 量產車的常見側裙左側。形狀幾乎與拉特倫戰車一樣，但表面的鉚釘變少了，安裝支架的細節也有差異。

▲在戈蘭高地的泥濘中演習的Mk.3。車塔和車體的
側面都比Mk.2更簡練。側裙是一般款式,安裝托架
則是舊型。

▼拉特倫戰車的右側面。轉輪的間隔跟Mk.2以前的型號
不一樣,特別是第四和第五轉輪的間隔明顯較寬。

▲拉特倫戰車的右前側。側面的排
氣孔與Mk.2一樣都是大型款。

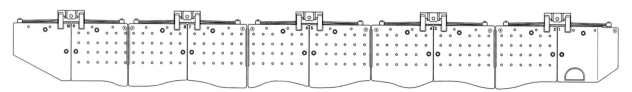

▲拉特倫試產車安裝的側裙右側。Mk.2以前的型號只有排氣孔附近的3號和4號托架不一樣,
Mk.3之後則與其他托架通用。

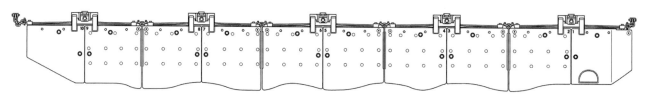

▲量產車的普通側裙左側。用鎖鏈固定各個側裙以免脫落。

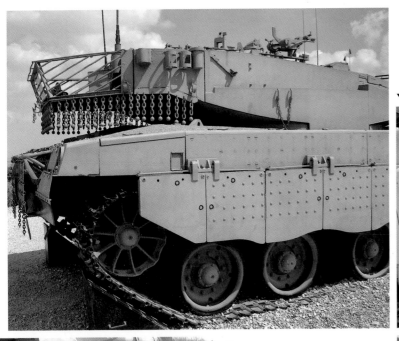

◀拉特倫戰車的右側面後方。引導輪沿用Mk.2以後的款式。有幾個固定側面裝甲的一字平頭螺絲。

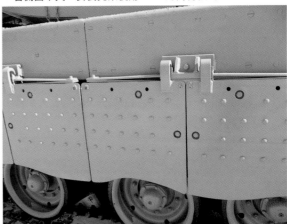

▼右側面中央。安裝托架使用Mk.2的簡約款式。

◀右側面前方。排氣孔的形狀和結構幾乎與Mk.2相同，改用與其他地方相同的托架來安裝側裙。

▲右側面前端。不同於拉特倫量產車，沒有在側裙和車體上安裝鎖鏈。

▼正在搭運輸拖車的Mk.3。側面後方有外部電源連接艙口的紅色把手，用於啟動電源。

▲從後方觀看拉特倫戰車的右側面。可清楚看到側裙的厚度，以及上方焊接吊鉤掛在托架上的樣子。

▲車體後面。重新改良擋板後面之類的各部位設計，Mk.2後期開始在左右側加裝折疊式托架。

▲從左側觀看後面的托架。內側安裝了帆布袋。

◀左側後面的托架。以圓環連接5片扁長的圓孔金屬板。只要拉開底面的栓子就能打開下方。

◀後面下方的左側引導輪底部。與Mk.2一樣用螺母來調整履帶的鬆緊度，但從Mk.3開始改成更好用的油壓款式。

▲後面的中央艙門。中間有鎖定裝置和門把，用橡膠板和銅板覆蓋上面。

▶後面中央門的下方。艙門手柄需要上下打開，內部的連動手柄會同步開啟。

▲拉特倫戰車的啟動輪。款式幾乎跟Mk.2一樣，使用六角螺母固定車齒。

▲左側第一轉輪。Mk.3開始使用有橡膠邊環的款式。拉特倫戰車全都安裝這款轉輪。

▲右側引導輪。樣式和結構從Mk.1開始就沒有大幅改變。

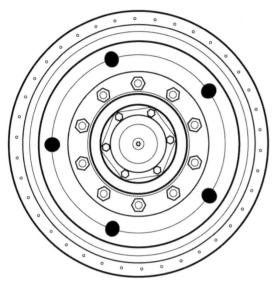

▲從Mk.3開始引進的橡膠邊環轉輪。轉輪和輪轂的固定方式與Mk.2以前的型號一樣，但直徑稍為縮短了。

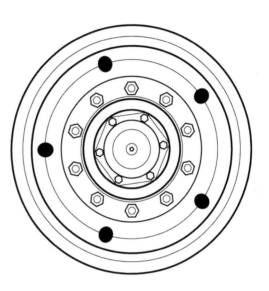

▲從Mk.3開始引進的鋼製轉輪。轉輪的橡膠邊環被移除後，直徑也跟著變短。

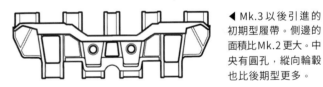

◀Mk.3以後引進的初期型履帶。側邊的面積比Mk.2更大。中央有圓孔，縱向輪轂也比後期型更多。

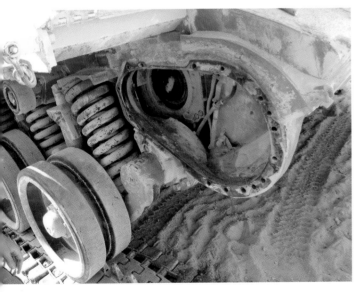

▼正在更換右側履帶的Mk.3。履帶是初期款式，車體上面的引擎和變速箱艙口是開啟狀態。

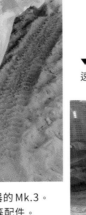

▲車體右側前端的擋板彈起，正在更換啟動輪和最終減速器的Mk.3。可以清楚看到橡膠邊環轉輪、懸吊系統的線圈彈簧或搖臂等配件。

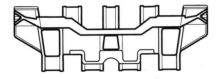

◀在Mk.3生產期間引進的後期型履帶。側邊形狀不同，中央的肋材也減少了。

《梅卡瓦Mk.3D「Dor-Dalet」》

梅卡瓦Mk.3D「Dor-Dalet」是配備第四代裝甲的型號,主要目的是提高Mk.3的防禦力。外觀特徵是類似Mk.2「Dor-Dalet」的楔形裝甲。此外,還改良了火控系統「Baz」,改用Mk.4的引擎等動力系統,提升綜合戰鬥能力。

▲第188裝甲旅團的Mk.3D「Dor-Dalet」正在參加以色列北部的演習。此型號除了改進「Baz」火控系統之外,還在砲塔側面安裝楔形附加裝甲,藉此提高防禦力。車體的4個角落裝有車身桿。

▲同樣在演習中的Mk.3D(車輛編號834188)。前方拖車架上有兩個用來破壞障礙物的衝車。

◀在2006年以黎衝突發生時所拍攝的Mk.3D。Mk.3的生產區段III將裝填手艙口改為圓形。車體底面在前後使用拖車架並安裝附加裝甲。

▲在內蓋夫沙漠進行射擊的Mk.3D。主砲發生時的衝擊波使車體下方和側裙縫隙掀起粉塵。

▲2012年,在戈蘭高地訓練的第13裝甲旅團Mk.3D。後方跟著納美爾裝甲運兵車。主砲底部的12.7毫米機槍與同軸機槍一樣,與主砲連動且可調整俯仰角度。

▲第74裝甲旅團Mk.3D砲塔朝右前進。砲塔後方立著一座塔,5個雷射警戒感應器是這輛車的特殊裝備。

▼2008年3月,正在進行主砲射擊訓練的第188裝甲旅團Mk.3D。砲塔側面的楔型模組裝甲是「Dor-Dalet」的修改重點。

▲Mk.3D砲管向左前進戈蘭高地。砲塔右側面有幾個用途不明的行李。前方拖車架上裝著D9R推土機的拖車長鉤。此外,在LIC改良方面,車體上面的左右格柵上有用來遮蔽異物的蓋子和網子。

◀ 正在入侵黎巴嫩的 Mk.3D 部隊。砲管上的白線是為了提高夜晚辨識性所畫的記號。兩條縱線表示隸屬第 2 大隊。

▼ 第 188 裝甲旅團 Mk.3D 正在戈蘭高地參加共同演習。從這個角度能清楚看到「Dor-Dalet」修改後新增的側面模組裝甲，以及下方砲塔環周圍新增的附加裝甲。

▼ 爬坡中的 Mk.3D。前後拖車架上裝著拖車纜繩，金屬線的部分放在上面。側裙的編號以白色文字區分，通常由右前方開始是 1 ～ 10，左前方開始是 11 ～ 20。

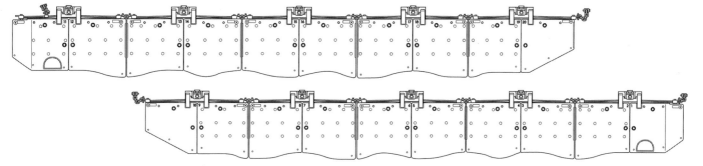

▲可在某些Mk.3D上看到的左右側裙。基本上與第71、72頁Mk.3量產車同款，不同之處在於側裙下方有很像螺栓的凸起物，用來連接前後端。

▼在以色列北部演習的第188裝甲旅團Mk.3D。「Dor-Dalet」正式引進鋼製轉輪，比橡膠邊環款更輕盈耐用。

▼第74裝甲旅團Mk.3D。這輛車與第77頁的車輛一樣，在砲塔後端安裝雷射警戒感應器的塔座。使用Mk.4M的側裙款式。

▲在戈蘭高地進行約旦河渡河演習的 Mk.3D。車長從砲塔右側的塔座探出頭，裝填手艙口是半開狀態。車體後面的兩個籃子被拆除。

▶ 2020年，第 8 裝甲旅團 Mk.3D 準備在以色列北部進行夜間演習。砲塔上配備車長以及裝填手專用的 7.62 毫米機槍，但前方沒有 12.7 毫米機槍。

▼士兵打開後門，正在為 Mk.3D（車輛編號 835328）補給 120 毫米砲彈。砲塔左側面的模組裝甲被移除，露出砲塔原本的形狀。

▲ Mk.3D 的砲塔朝右，移除所有右側裙。這輛車有許多亮點，例如圓形的裝填手艙口、左右有楔形凸起的砲塔、側裙托架、懸吊系統、轉輪配置等。

◀ 左側第一轉輪的線圈彈簧上端。前方可看到防止接觸履帶的面板，後方則有小型的上方轉輪。

▲ 拉特倫戰車左側第一轉輪的搖臂底部。固定區塊連接著啟動輪的最終減速器。線圈彈簧是內外雙層樣式。

▼ 正在更換左側履帶的 Mk.3D（車輛編號 835419）。打開擋板的前端，拆下最前面的側裙。值得注意的是，啟動輪外側的車齒固定螺栓不是六角形而是四角形。

▲ 從後方觀看左側第六轉輪的懸吊系統。當搖臂完全升起時，上方的圓棒可作為接觸突起處時的減震器。

第5章

梅卡瓦Mk.4

繼梅卡瓦Mk.3之後，梅卡瓦Mk.4於2002年推出，車體和砲塔的設計有大幅更動，外觀與前面的系列型號差很多。除了提升防禦力之外，引擎也升級了，主砲可發射反戰車飛彈，導入自動彈藥裝填輔助系統等功能，攻擊力也有所提升。而Mk.4M型號還配備了「戰利品（Trophy）」突破性主動防禦系統，以對抗攜帶式反戰車飛彈等非正規戰鬥的威脅。此外，還藉由最新AI和VR等技術進化到全新階段。

解說／竹內 修
Description：Osamu Takeuchi
Photos：Przemyslaw Skulski, Ofer Zidon, ASHER SHMULEVICH Pikiwiki Israel, Bukvoed, Ereshkigal1, Zachi Evenor, Natan Flayer, Ricardo Tulio Gandelman, Benjamin Núñez González, Piotr Gotowicki, Jian Zhen Wei, Mussi Katz, Black Mammmba, MathKnight, Rhk111, Oren Rozen, Hideo Sasagawa, Spike78, Ilya Varlamov, Vladimir Yakubov, Washington2Washington, IDF Spokesperson's Unit
Drawings：Kikuo Takeuchi

【梅卡瓦Mk.4 性能規格】

全長：9.040m
車體長：7.600m
全寬：3.720m（不含側裙）
全高：2.660m
最低底盤高：0.450m
重量：65噸以上
成員：4名（車長、砲手、裝填手、操縱手）
　　　最多可容納6名士兵
武器裝備：MG253 120㎜ 44倍徑滑膛砲
　　　彈藥48發（機械鼓式即時彈藥10發）
　　　FN MAG 7.62㎜ 機槍×2挺
　　　.50 M2 12.7㎜ 機槍×1挺
　　　60㎜ 迫擊砲×1門
引擎：通用動力陸地系統CPS883
　　　V12柴油引擎
最大輪出：1500馬力
變速箱：Ashot Ashkelon RK325
　　　油壓機械式五段自動變速箱
最高速度：64s km／h（路面）
燃料桶容量：1400公升
續航距離：500 km

▲展示於以色列拉特倫戰車博物館的Mk.4（車輛編號836002）。被認為是Mk.4的試產車，特徵是只有這輛車才看得到的右側面排氣口設計。

梅卡瓦Mk.4的開發

梅卡瓦Mk.4於2002年6月公開亮相，實際製造時間大約從2001年開始。2003年7月展開部隊訓練，並於2004年被實戰部隊使用，且曾參與過2008年加沙地帶的戰爭。

梅卡瓦Mk.4的主要武器與Mk.3同樣是44倍徑120毫米滑膛砲，但不使用MG-251，而是採用有隔熱套管、新型壓縮氣體式線圈系統的MG253。

砲彈的承裝量從Mk.3的50發減少至48發，但取而代之的是自動彈藥裝填輔助系統，火砲的發射速度明顯提升。系統由電腦控制，利用電動馬達從10發旋轉式彈匣中，將砲手選擇的砲彈傳給裝填手。就以色列的技術而言，要開發自動裝填系統應該不難，但他們卻不採用，原因可能是基

於以色列塔爾將軍的想法，戰車必須有4名成員才能在戰場中存活。

梅卡瓦Mk.4具備了主砲發射型飛彈「LAHAT」的操作能力。

LAHAT最大射程可達6,000公尺，採半自動雷射導引方式，除了發射飛彈的戰車以外，還能由車輛或直升機來導引。採用串連式彈頭，換算成軋壓均質裝甲的話，貫穿力相當於800毫米左右。此外，還具

▲在山丘上行駛的Mk.4。配備120毫米火砲，基本結構沿用Mk.3的概念，砲塔、車體的設計則被大幅改動。

▲第75裝甲旅團Mk.4在以色列北部的雨中演習。原本移除了Mk.4砲塔上面左側的裝填手艙口，但後來為了應付頂部攻擊而在製造途中安裝回去，這輛車的裝填手艙口是開啟狀態。

▲從 Mk.4 開始使用的 RENK RK325 自動變速箱。由 Mk.3 的四段改為五段變速，再加上增至 1500 馬力的 MTU883 引擎，組成 CPS833 動力包件。

▲安裝在四連裝發射器上的反戰車飛彈「LAHAT」。將空對地、地對地反戰車飛彈 Nimrod 縮小就能用戰車砲發射。

備對直升機的攻擊能力，切換引信的引爆模式即可攻擊輕型車輛等軟性目標。

梅卡瓦 Mk.4 在強化防禦力方面也下足功夫，砲塔周圍都有附加裝甲，因此砲塔本身比傳統型號更大。這種裝甲採用外裝式模組裝甲，中彈時只需更換該部分即可迅速返回戰場，使用高防護力材料的裝甲時也更好更換。

砲塔頂部以及砲塔環是梅卡瓦 Mk.1、Mk.2 與 Mk.3 型號中最脆弱的地方，需要再加強防護，砲塔頂部的附加裝甲尤其不足，於是果斷移除了裝填手艙口。然而，移除裝填手艙口的缺點是會嚴重降低城鎮戰的視察能力，因此部分車輛恢復了裝填手艙口。

梅卡瓦 Mk.1 ～ Mk.3 使用了 Teledyne Con-tinental Motors 開發的 AVDS 1790 系列柴油引擎作為動力來源，而梅卡瓦 Mk.4 使用通用動力陸地系統授權生產的 CPS883「歐洲動力包件」，結合了德國 MTU 的 V12 柴油引擎 MTU883（1500 馬力）與德國 RENK 的 RK325。

梅卡瓦 Mk.4 加強了防禦能力，配備自動彈藥裝填輔助系統，同時將戰鬥重量增加至 65 ～ 70 噸，採用 CPS883 後的功率重量比會比傳統型號高出 23 馬力／噸。

梅卡瓦 Mk.4 的最大特點是戰鬥資訊管理系統。該系統由以色列埃爾比特系統公司開發，透過高速資訊網路連接指揮官、各輛戰車以及各種支援部隊，實現串聯運

◀ LAHAT 的用法幾乎與普通彈藥一樣。除了 Mk.4、Mk.3 的 120 毫米砲之外，也能用 Mk.2 的 105 毫米砲發射，因此是通用的彈藥。

▲Mk.4M（車輛編號 836266）在約旦河與工兵部隊進行渡河訓練。砲塔兩側有戰利品系統。

▲2006 年 5 月以色列獨立紀念日，在拉特倫戰車博物館展示的 Mk.4。配備表面有縫隙的初期型側裙。

▲在加沙地帶邊境行進的Mk.4。車輛底部有安裝附加裝甲，前後以拖車架固定。

作。實際上，據說在2008年加沙地帶戰鬥中，此系統使砲兵及近距離空中支援的空軍能夠順利合作。

梅卡瓦Mk.4的戰鬥資訊管理系統終端機上安裝了Vectop開發的VDS-60數位資料儲存系統，可記錄梅卡瓦在戰鬥中捕捉的影像和觀測數據等資料。安裝其他戰鬥資訊管理系統的戰車不具備這種紀錄功能，這是以色列活用戰鬥經驗後發展出的特殊能力。

進化至梅卡瓦Mk.4M

以色列國防軍計劃長期使用梅卡瓦Mk.4，2007年宣布所有梅卡瓦Mk.4將搭載拉斐爾先進防禦系統公司開發的「戰利品」主動防禦系統，並將梅卡瓦Mk.4更名為「梅卡瓦Mk.4M」。

2018年7月宣布梅卡瓦Mk.4「Barak」開發計畫並進行諸多改良，包括提升感應器的功能，使用具備AI（人工智慧）技術

的電腦，搭載埃爾比特系統公司正在研發的頭盔內藏式顯示裝置「鐵視野」。

鐵視野應用F-35戰鬥機的頭盔內藏式顯示裝置技術，開發出第一款戰車專用的內藏式顯示裝置，不僅可在車內取得周圍360度資訊，還能透過VR（虛擬實境）進行訓練和演習。雖然電腦應用AI技術的詳細資訊仍不明，但以色列國防軍預估AI輔助將減輕成員的負擔，持續作戰時間可提高30％。

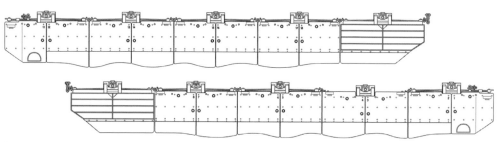

◀安裝於Mk.4初期型號的側裙。表面的縫隙比Mk.3更多，下方則改用橡膠材質。後面兩片改用有圓棒的柵欄裝甲。右側排氣口下方的托架位置稍低，兩片面板的切口變深了。

▲正在演習的第75裝甲旅團Mk.4。車體前端有安裝D9R拖車專用延長吊鉤。在泥濘中行駛導致最後兩片側裙脫落，下端的橡膠材質也有部分破損。

▲在戰車拖車上移動的Mk.4。側面排氣口的網子未被拆除，可清楚看到Mk.4量產車的標準箭頭形通風管。

▲2014年7月入侵加沙,在邊境附近佈局的第401裝甲旅團。6輛停車中的戰車都是配備了戰利品系統的Mk.4M。

▼第401裝甲旅團Mk.4M,朝砲管方向巡邏加沙地帶的邊境。砲塔朝向後方,但車長正在確認
前方的行進方向。

◀拉特輪戰車博物館Mk.4試產車的砲塔正面。不同於前面的梅卡瓦系列,起初是以楔形模組裝甲為基礎進行設計。

▼從左側觀看砲塔前端。護盾採用日本10式戰車的款式,配合砲塔面的角度安裝裝甲。

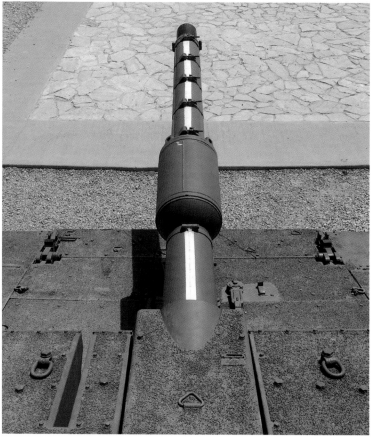

◀砲塔左側面。模組裝甲的上方有台階,上面有防滑塗層。增加車體側面上端的高度以保護砲塔環的四周。

▲砲塔右側面。從前方能看見煙霧彈發射機、砲手瞄準器、車長7.62毫米機槍架等裝備。

▲砲塔右側前方的上端有雷射警戒感應器。砲塔前後左右共有4個感應器。

▲從上方觀看MG253 120毫米火砲。排煙器被移除,上面畫有夜間行動用途的白線。從外觀上很難看出MG253與Mk.3 MG251的差別。

▲從左前方觀看砲塔的上面。砲塔接近左右對稱，上面有貼合砲塔形狀的模組裝甲。右側有方形的砲手瞄準器，左側則是圓形的車長瞄準器。

▲從左上方觀看Mk.4。可清楚看到大型砲塔幾乎覆蓋了整個車體，砲塔上面的裝填手艙口被移除，車體上面則變平了。

▲砲塔上面左側。可以看到7.62毫米同軸機槍的縫隙，以及模組裝甲的懸吊掛環。

▲從正面觀看砲手瞄準器。Mk.3以前的型號是下開式的，由於Mk.4的位置變高而改成左右側開的形式。

▲砲塔右側有6個內嵌式煙霧彈發射機。內側有兩個的蓋子被拆除。

▲護盾上裝有.50 M2 12.7毫米機槍。沒有安裝彈匣，機槍後方有兩個電磁閥，可從砲塔內部進行遠端操控發射。

▲主砲護盾以及砲塔的連接處。護盾方上有12.7毫米機槍的安裝座，正後方有兩個鉸鏈安裝著移動式薄板蓋，可根據主砲的仰角來移動。

▲砲塔上面右側的車長塔。從Mk.4開始採用全新的八角形艙門設計，加裝7.62毫米機槍架的軌道。

▲從右前方觀看車長塔。潛望鏡變大了，可在車內遠端操控7.62毫米機槍架。

▲車長塔上面。前方有5個潛望鏡，而後方有1個。雖然機槍架軌道不能全方位固定，但可在前方大範圍中固定。

▶從後方觀看車長塔。Mk.4加強了砲塔上面的裝甲以對抗反戰車飛彈，可以看出車長塔的艙門增厚許多。

◀從右前方觀看砲塔上面。Mk.3「Baz」增設的車長瞄準器，從車長塔前方被移到左側裝填手座的前方。

▶從後方觀看砲塔的前端。位於車長瞄準器左前方的橢圓形艙門是60毫米迫擊砲的發射口。

◀砲塔的後籃。結構與Mk.3相同，但體積隨著砲塔放大而縮小。上面的縫隙是車內空調設備的出風口。

▶從後方觀看砲塔籃。下面一樣有很多球鏈，但拖車纜繩的托架被移除。

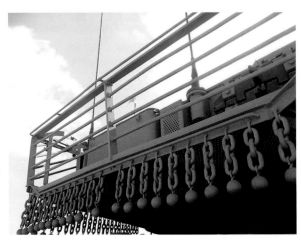

▲晚上在內蓋夫沙漠駐留的Mk.4（車輛編號836207）。車體底面呈現V字形，Mk.4專用新型履帶的啟動輪車齒位置很寬。

▲在加沙地帶邊境周邊行駛的Mk.4。這輛是有裝填手艙口的後期生產車輛，可以看到成員露出身體。車長塔被移到中央，並在右側增設圓形車頭燈。

▲拉特輪戰車博物館的Mk.4試產車。履帶等處的細節和量產車不同。從Mk.4開始，前端上面變成左右沒有凹凸起伏的平面。

▲右擋板前端。Mk.4開始再次使用固定式車頭燈，使用時需打開前蓋。Mk.3以後廢除紅外線車頭燈。

▲車體前端右側。引擎和變速箱的艙門延伸至整輛車的寬度，鉸鏈的位置改變。砲管支架也被移至車體中心線的上方。

▲車體前端左側。Mk.3製造期間已可將除地雷機安裝在拖車支架上，因此Mk.4以後廢除了各種連接安裝座。

◀左擋板前端。前端的橡膠製側裙改成單片結構。後方的鉸鏈同樣是彈開式，但增加了缺口以免干擾車前燈。

◀初期引進第7裝甲旅團的Mk.4（車輛編號836142）。120毫米火砲的砲口和砲塔的雷射警戒感應器上都有蓋子。

▲2010年2月，在戈蘭高地進行訓練的第401裝甲旅團Mk.4。後方的兩片側裙有蓋上帆布。Mk.4的兩條拖車繩被移到車體左側面。

▲拉特倫戰車。左側面前方的側裙安裝架上焊接了U字型拖車纜繩收納架。後方拖車繩的前端被螺栓固定在車體上。

▲車體的左側面中央。拖車纜繩的收納架被焊接在側裙的每個托架上。拉特倫戰車採用表面無縫的特殊款側裙。

◀車體左側面後方。車體後端有兩個固定拖車繩尾端的托架。

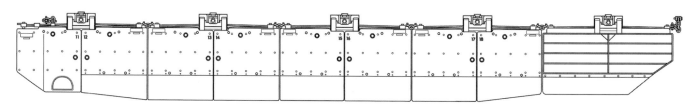

▲從量產開始後登場的左側裙。表面的縫隙設計維持不變，但下方的橡膠裙改成直線造型。

▲拉特倫戰車的右側。Mk.4試產車的側裙特徵是排氣口沒有斜縫隙、鉚釘,且下方不是橡膠材質。

◀右側的最後面是柵欄裝甲側裙。五角形的邊框中央有1條縱向支架,橫向則焊接著3條圓棒。連接車體的支架與其他戰車相同。

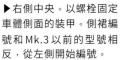

▶右側中央。以螺栓固定車體側面的裝甲。側裙編號和Mk.3以前的型號相反,從左側開始編號。

▶右側面的排氣孔。雖然試產車採用斜向隔板,但量產車改成了「く」字形狀。

◀右側前方的側裙安裝區域。前面兩片側裙焊接了編號「11」、「12」。

▲右擋板的前端。側面是橡膠製品。側裙安裝區的前端有用來立起車身桿的彈簧。

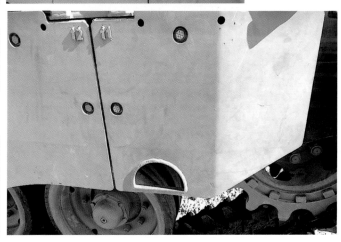

▲右側前端的側裙。前面被彎曲,後面底部有半圓形腳踏孔。

◀ 2015 年 5 月，展示於以色列獨立紀念日的 Mk.4。擁有初期生產車的典型特徵，排氣口的縫隙是箭頭形狀。這是全新的 Mk.4M 型號，側裙表面沒有鉚釘且底部改成橡膠材質。第 5 片被挪用為前面的第 2 片。

▲ 2014 年 7 月，在加沙地帶邊境周圍行動的第 460 裝甲旅團 Mk.4。大部分的轉輪都混用了橡膠邊環與鋼製款，這輛車第四、第五轉輪也有橡膠邊環。

▲ 在沙漠丘陵地帶行動中的 Mk.4 部隊。前方車輛是後期型號，砲塔上面有安裝裝填手艙口。雷射警戒感應器被移除了。

◀ 在平坦沙漠中行進訓練的 Mk.4。這是實戰訓練專用的車輛，裝填手艙口的地方有安裝頂部開放的教官座。砲塔側面採用 Mk.4M 的防爆盾，但並未安裝戰利品系統。

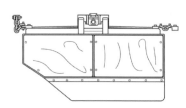

▲ 側裙後端的柵欄裝甲表面蓋著帆布。

▶ 量產初期的右側裙，有鉚釘及直線型橡膠側裙。

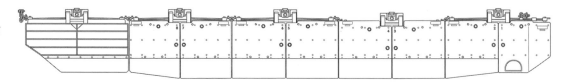

◀ 拉特輪戰車的車體後面。Mk.3 之後的基本配置都差異不大。

▲後籃裝著成員的裝備。裡面有放帆布袋，上方則蓋著帆布。

▲後方左側。車尾燈的內側新增了用來識別後方的鏡頭。扭力彈簧可停止擋板的可活動部位，從 Mk.3 開始被裝在外側。

▲後方右側。左右配備了 Mk.3 的折疊式籃子。

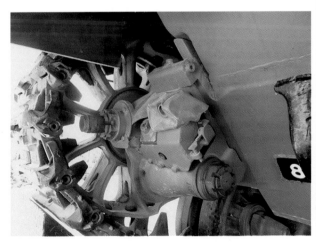

▲左側的引導輪底部。跟 Mk.3 一樣採用油壓調整款式，但細部設計有變動。

▲後面右側的拖車架。上方的孔洞裝有拖車吊鉤。

▶ Mk.4量產車（車輛編號836110）的車體後方。砲塔和車體後方有籃子，上面蓋著帆布。

▲車體後面的上方。砲塔大幅度地懸出車體，中間可以看到門把。

◀後門敞開的狀態。門的裝甲非常厚。門的內側和連結臂被塗成白色。

▲車體的後門。上下開啟的形式和目前的梅卡瓦型號一樣，但門的上鎖結構、把手等位置有變動。

▼車體後方的內部。通常左右兩側會收納主砲彈。深處可看到砲塔底板和保護板。

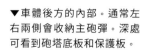

▲拉特倫戰車的試產車啟動輪。Mk.3後期生產車輛會用角形螺栓鎖住外輪，但量產車卻安裝了完全不同的啟動輪。

▲量產車的啟動輪。Mk.3之前的齒數是15，但Mk.4量產車開始減少至13。

▲拉特倫戰車的左引導輪。外觀從Mk.1以來就沒有變過。

▲左側第一轉輪。採用有橡膠邊環的款式，但增加了間隔墊片以免泥巴卡在輪框內側。

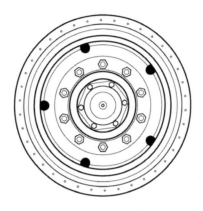

▲在輪框內側加裝間隔墊片的橡膠邊環轉輪。可以從被墊片遮住的地方看出輪框5孔的位置。

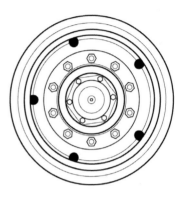

▲鋼製轉輪也加裝了間隔墊片。不只Mk.4的轉輪有附間隔墊片，Mk.3也有安裝。

◀拉特輪戰車左側的第五轉輪。試產車的所有轉輪都有附間隔墊片。

▶從左側的柵欄裝甲式側裙中可以看到引導輪。履帶採用試產車特有的款式，跟量產車不一樣。

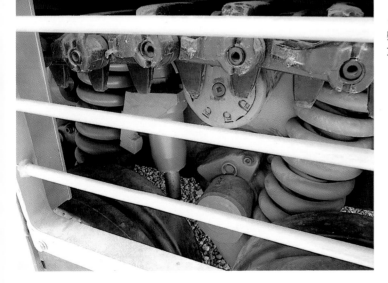

◀左側第四、第五轉輪的懸吊系統。上方轉輪的前方有安裝減震器。

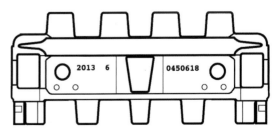

▲Mk.4量產車開始採用的新型履帶。啟動輪的齒孔位置向外側靠，形狀變得更簡約。無法與Mk.3以前的履帶交換。

《梅卡瓦 Mk.4M》

Mk.4M 的最大特色是砲塔左右兩側搭載的「戰利品」（又稱為「ASPRO-A」或「Wind Breaker」）主動防禦系統（APS）。該系統具備 4 個雷達面板，可偵測反戰車飛彈，同時進行電波干擾並發射散彈，在 10 ～ 30 公尺的距離內摧毀飛彈。該系統在 2011 年實戰中確實發揮效果，成功抵禦了柯爾內特（Kornet）反戰車飛彈。此外，Mk.4M 做了一些細部更動，例如砲塔裝填手艙口標準化，或是引進新型的側裙等。

▶ 正在丘陵地帶行動的 Mk.4M（車輛編號 836263）。車體的 4 個角落有安裝很高的車身桿。左側面的拖車纜繩收納架上有拖吊鎖鏈。

▼ 2017 年，第 7 裝甲旅團的 Mk.4M（車輛編號 836632）正在進行第一次共同訓練「山谷之獅」。可以看到 Mk.4M 的標準型態，除了配備戰利品系統之外，還移除了側裙最後面的柵欄裝甲，並在車外加裝拔釘器。

▼ 朝著夕陽射擊主砲的第 188 裝甲旅團 Mk.4M。戰利品系統的發射器周圍蓋著帆布。

▲ 2015 年，Mk.4M（車輛編號 836411）準備與第 933 步兵旅團進行夜間聯合演習。戰利品系統的發射器上有安裝開關蓋板，砲塔藍側面則有雷達面板。

▶2017年，停在拖車上移動的Mk.4M戰車。戰利品系統的發射器被帆布覆蓋。轉輪的前半部是鋼製品，後半部則是橡膠邊環。

▼2016年，在以色列獨立紀念日中展示的Mk.4M（車輛編號836625）。右側面的排氣口有網子。Mk.4M移除了砲塔四方位的雷射警戒感應器。

▶砲塔右側的戰利品系統。被帆布覆蓋的發射器後方立著防爆盾，可在發射時阻擋暴風。

▼在2018年IDF 70週年展中展出的Mk.4M。砲塔左側有戰利品系統。上面配備了開關蓋板，但很少在前線的車輛中看到蓋子。

▲砲塔左側的戰利品系統。藍色發射器是訓練用模型。通常只會在水平面塗上防滑塗層，但戰利品系統周圍的垂直面也有塗層。

◀ Mk.4M 的車體正面。配備 D9R 拖車延長吊鉤。可能是受到砲管固定器的限制，因此砲管向下傾斜。右側車前燈有防破損的網罩。

▼ 各部位被蓋上帆布，待命中的 Mk.4M。D9R 推土機用鎖鏈拖吊，鎖鏈被裝在拖車延長吊鉤的前端。

▼ 2014 年 7 月，在加沙地帶邊境附近行動中的第 401 裝甲旅團。這輛 Mk.4M 的砲管仰角很大，可清楚看到車體前方的上面。

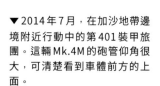

▶ 在戈蘭高地岩石地前進的 Mk.4M（車輛編號 836313）。履帶的形狀跟 Mk.3 以前的型號差很多，底部是比較簡約的矩形。

▲第401裝甲旅團 Mk.4M 在加沙地帶邊境附近行動,成員在前方合影。底面有附加裝甲,採用在前後拖車架上懸吊的方式安裝,因此拆裝更為方便。

◀正在進行村落進攻訓練的 Mk.4M。將拖車繩繞掛在前面更容易在緊急時刻進行拖吊。

▲正在戈蘭高地訓練的 Mk.4M。Mk.4M 的車體前端幾乎是左右對稱,但從這個角度看,左上方卻比較斜,這是為了保障操縱手潛望鏡的視野。

▲Mk.4M 跟步兵一起躲在遮蔽物後方伺機而動。這輛是訓練用車,裝填手艙口上有教官座。砲塔旋轉時會被車身桿干擾,要靠底部彈簧來靈活移動車身桿。

◄從正面拍攝砲塔，在戈蘭高地中的Mk.4M（車輛編號836307）。Mk.3以前設計的砲塔會儘量縮短高度以及寬度，但Mk.4可接受一定程度的尺寸。

▲同樣在戈蘭高地爬坡的Mk.4M 836307號。Mk.4的戰鬥重量大約增加至70噸，具備1500馬力的引擎和五段變速箱，機動性比Mk.3高。

▼在複雜地形中行駛的Mk.4M。在左側面的兩邊安裝拖車架和拖車鎖鏈。混用各種款式的側裙，最後使用橡膠製的延長側裙。

▲正在進行城鎮戰鬥訓練的Mk.4M。楔形模組裝甲使砲塔變寬，後方的自動彈藥裝填系統等配備擴大了內部體積，砲塔凸起處從車體上大幅懸空。

◀展示砲塔左側面，前進中的Mk.4M（車輛編號836313，和第98頁是同一輛車）。戰利品系統的發射器是模型。引擎的吸氣孔在操作手艙門的左側及砲塔環的正前方。

▶2021年1月，第7裝甲旅團Mk.4M在訓練基地的煙霧中進行演習。戰利品系統的發射器有開關蓋板，拖車架上裝有U字形吊鉤。

▼第75裝甲旅團Mk.4M在以色列北部的雨中進行演習。可能是因為天氣差導致光線不佳，所有瞄準器的門都被打開了。

▲2011年戈蘭高地的中隊及大隊指揮演習。本尼・甘茨總參謀長在Mk.4M砲塔上進行視察。可以清楚看到他腳下敞開的八角形艙門，以及半圓形裝填手艙口。

▲2014年參與加薩戰爭（保護邊界行動）的Mk.4M。戰利品系統的發射器採用表面為黑色的實戰規格。此外，車輛下端裝有直線型側裙。

▼2014年，正在加沙地帶展開行動的第401裝甲旅團Mk.4M。側裙採用下端稍微延長的款式。轉輪全都有橡膠邊環。

▲2018年，第188裝甲旅團Mk.4M與第35空艇旅團進行共同訓練。戰利品系統的發射器是開關式。防爆盾內側配備了白色圓筒機器（可能是長釘LR發射器）。

▼從Mk.4M開始採用的左側裙。左前方依序為01、02等編號。雖然形狀與以往型號相似，但下端稍微被加長了。

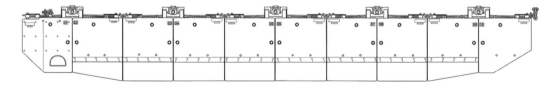

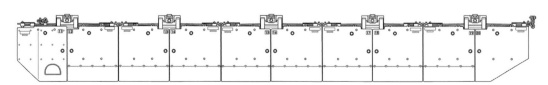

◀Mk.4M後期登場的左側裙。下端是切齊的直線，側裙與托架相疊的地方有缺口。用於安裝下方橡膠裙的螺栓被更換了。

► Mk.4M 在戈蘭高地的泥濘地中前進。通常120毫米火砲的砲口會塗成黑色，但有時能看到顏色與車輛相同的砲口。

◄ 2018年，第188裝甲旅團Mk.4M 在演習時觀望平原。裝配了戰利品系統後，雷射警戒感應器隨之退場。只有第一轉輪有附橡膠邊環。

▲ 2018年IDF 70週年展，Mk.4M的右側面。砲管用支架固定住。注意Mk.4履帶側面有凸角。

▲ 2017年，在拖車上移動中的Mk.4M戰車（和第97頁是同一輛車）。側裙下方是稍微加長的類型。轉輪間隔從Mk.3開始維持不變。

▼ Mk.4M 在戈蘭高地行動，望向遠方的黑門山。多虧Mk.4強大的懸吊系統，車輛在野外陸地的行駛速度不會跟鋪裝路面差太多。

◀第401裝甲旅團的Mk.4M。戰利品系統採用黑色的實戰規格。側裙下端是直線型,但前面第3、第4片有安裝右面板,所以只有這個部分出現高度差。

▲第188裝甲旅團Mk.4M一邊排出黑煙一邊前進。砲塔籃側面和後面展開的帆布上標示著「11 Gimel」(第11小隊3號車)。

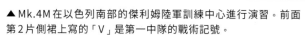

▲Mk.4M在以色列南部的傑利姆陸軍訓練中心進行演習。前面第2片側裙上寫的「V」是第一中隊的戰術記號。

◀Mk.4M的右側面。這輛車的右側全部安裝鋼製轉輪。砲管的線條表示第2大隊,側裙的記號表示第1中隊,砲塔籃的文字是第4小隊2號車。

▼從Mk.4M開始採用,下端稍微加長的右側裙。右側接續左側10號,依序為11、12等編號。橡膠側裙使用薄面板和兩排螺栓固定。

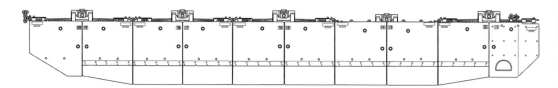

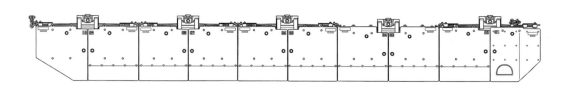

◀右側裙採用下端是直線切齊的款式。編號方向改變了,從右前方開始依序為01、02。在靠近排氣口的部分,面板配合托架的位置而縮短縱長。

◀從後方觀看第401裝甲旅團 Mk.4M（車輛編號 836256）。後面左右側的小籃子下方有附球鏈，這在梅卡瓦戰車中很少見。底面安裝了附加裝甲，裝甲的邊緣塗成紅色。

▼正在戈蘭高地訓練的 Mk.4M。戰利品系統的發射器是訓練專用款。左側後面用皮帶固定折疊式擔架。

▼正在戈蘭高地訓練的 Mk.4M。通常車體後方的上面被砲塔的凸起擋住了，因此看不到，但砲塔旋轉後就能看到滅火器、燃料注入口的蓋子等配件。

▲2014年，第401裝甲旅團的 Mk.4M。側裙是橡膠材質，延伸至擋板的後端。在左擋板的上方，由外而內分別裝配了車尾燈、後鏡、車內對講機艙門。

第6章

梅卡瓦衍生型號

以色列軍在國內成功研發出梅卡瓦主力戰車後,也沿用了梅卡瓦的車體,積極開發自走砲、回收車、裝甲運兵車等衍生型號。然而,衍生車輛的量產計畫卻因預算不足而一再受阻。近年來,同系列車輛出現老化等問題,以色列加速生產並引進納美爾裝甲運兵車,也進行了納美爾步兵戰鬥車的實測。本章將介紹納美爾系列戰車、裝甲回收車、戰鬥工兵車,以及未完成的瑟雷夫(Sholef)155毫米自走榴彈砲。

解說／竹內規矩夫
Description : Kikuo Takeuchi
Photos : Bukvoed, Ereshkigal1, Zachi Evenor, Ishaiabigail, MathKnight, Boris Portnov, Sirpad, Military & Security Forum, Fresh, IDF Spokesperson's Unit, U.S. Army

▲納美爾裝甲運兵車的試產車輛。前方備有車衝。雖然基底是Mk.1,但上方和側裙採用類似Mk.4的平面設計。相較於之後的納美爾,試產車的車體側面是垂直的。

納美爾裝甲運兵車
(納美爾APC)

以色列軍一直使用美國M113「薩爾達」作為裝甲運兵車(APC,以色列軍稱之為「Nagmash」),由於防禦力不足,1980年代初期以梅卡瓦Mk.1的底盤為基礎,展開重裝甲運兵車「納美爾」(雌虎)的研發計畫。梅卡瓦有前置引擎且後方是彈藥室,因此很容易改造成裝甲運兵車。

然而,試產車的測試結果顯示,Mk.1的引擎和變速箱的機動性不足。由於提升性能所需的生產成本增加,因此計畫被取消,以色列決定以擄獲的T-55戰車作為基礎,開始製造Achzarit裝甲運兵車。

2003年後,以色列再次嘗試用梅卡瓦Mk.3/4開發出裝甲運兵車,並命名為「納

美爾」(老虎之意,「Nagmash Merkava」的簡寫)。在機動力的問題上,採用Mk.3的ADVS-1790-9A/N引擎及RK304A變速箱。2004年,M113「薩爾達」成員因遭武裝組織哈馬斯的反戰車飛彈擊中而傷亡,以色列急需引進梅卡瓦底盤的重裝甲運兵車,於是於2005年完成了納美爾試產車。

納美爾的車體以Mk.4為基礎重新設計,

履帶、轉輪等底部裝備採用Mk.1～Mk.3的款式,懸吊系統則是Mk.3以後的型號。上面設有車長塔和武器站,分別裝備7.62毫米機槍以及12.7毫米機槍各一挺。後方中央與梅卡瓦一樣有出入口,兵員室可容納10名士兵。以色列吸取2006年黎巴嫩戰爭的教訓,進一步提升了納美爾的防禦力,例如新增附加裝甲等配備,而後從2008年開始生產。

◀展示於2009年的納美爾裝甲運兵車。這輛是2000年代的試產車,側面是傾斜裝甲。採用Mk.4同款履帶和啟動輪。上面的左側有車長塔,四周被視察窗戶包圍。

▲2012年,在美國演習場進行測試的納美爾裝甲運兵車。車體與梅卡瓦一樣裝有模組裝甲。側裙是Mk.4的款式,但因為車輛高度較高,側裙下方加長了。

▲2014年拍攝的納美爾裝甲運兵車。車體的上面右側有12.7毫米機槍座,左側有視察窗和7.62毫米機槍,後方則配備60毫米迫擊砲。

▶2012年,戈蘭尼步兵旅團的納美爾裝甲運兵車正在演習。後方兵員室可容納10名士兵。梅卡瓦入口是上下開啟式,而納美爾改成下方只有單片門。

▲戈蘭尼步兵旅團的納美爾裝甲運兵車。本車安裝了Mk.4的履帶。車體側面的扶手上以皮帶固定行囊。後方有6個煙霧彈發射機。

2009年，納美爾在加沙地帶作戰（鑄鉛行動）中遭到哈馬斯的攻擊，但未受火箭推進榴彈的影響，仍可正常行動，甚至被柯爾內特反戰車飛彈攻擊後，成員都沒受傷，這證明了納美爾的防禦力與梅卡瓦相當。近期搭載戰利品防禦系統的納美爾登場，安全性得到提升。但由於預算不足，目前的生產進度停滯，2014年進攻加沙地帶時只準備了大約一個旅團的裝備。現階段而言，Achzarit和M113「薩爾達」仍然是主力裝甲運兵車。

奧菲克裝甲運兵車（Ofek APC）

奧菲克（Ofek）裝甲運兵車是由數百輛即將退役的梅卡瓦Mk.2底盤改裝而成，藉由低成本改造就能準備大量的重裝甲APC。保留Mk.2的引擎和變速箱，機動性較差，因此主要被分配到後方運輸、醫療救援等部隊，而前線部隊則是使用納美爾或Achzarit。奧菲克不僅可容納2名成員，還能載運10名士兵，於2015年開始測試試產車。

納美爾戰鬥工兵車（納美爾CEV）

以色列於2008年就開始準備納美爾APC，設計初期已考慮改裝成「戰鬥工兵車」（CEV），並在前線進行工兵作業，藉此取代百夫長的衍生車輛——Puma CEV。

2015年「納美爾CEV」開發完成並推出推土機型、障礙排除型和拖車型等3種衍生型號，可根據任務使用各種工兵設備。兵員室最多可容納10名士兵。自2016年起，在前線部隊進行測試。

納美爾步兵戰鬥車（納美爾IFV）

以色利以2008年的納美爾裝甲運兵車為基礎，於2017年完成步兵戰鬥車「納美爾IFV」。車體中央安裝了一座配備30毫米機砲的砲塔以及60毫米迫擊砲，砲塔後方收納「長釘LR II」連裝發射器。此外，砲塔左右側安裝了戰利品防禦系統。梅卡瓦和納美爾APC是之後才加裝防禦系統的，但納美爾IFV不同，設計的初期就已經將防禦系統整合至砲塔中，因此功能不受限

▲2017年，行駛中的納美爾裝甲運兵車。履帶採用Mk.3的款式。12.7毫米機槍被移除了，而且後方有很多天線，所以應該不是指揮車型號。

▲拍攝於2021年的納美爾裝甲運兵車。車體後方有許多天線，前方裝配方形的視察車長塔，且車體側面有安裝雜物箱。

▲ 2016年拍攝的納美爾裝甲運兵車。車體的左右側面有戰利品防禦系統，煙霧彈發射機則被移到前方。12.7毫米機槍安裝於參孫遙控武器站上。

▲ 2016年展示中的納美爾戰鬥工兵車。基本結構與裝甲運兵車相同，不同之處在於出入口上方的2條吊臂、戰利品防禦系統等。

制，對反戰車飛彈的防禦力更上一層。

2018年開始實測，目前仍然在持續測試中，未來預計將搭載遙控武器系統（RWS）以及鐵視野等功能。

梅卡瓦GP裝甲回收車（梅卡瓦GP ARV）

1990年末，以色列為了中隊規模的回收和整建工作而製造出「輕起重型」車輛，藉此代替M113 Fitter ARV。「GP」是

General Purpose（通用）的縮寫，車體像納美爾APC，後方橫放一個360度旋轉的小型起重機。成員組合有車長、操縱手和機槍手等3名，工兵可在車體後方的兵員室內搭乘。車長和機槍手艙門上配備了7.62毫米機槍。目前尚無實戰相關情報。

萊肯裝甲回收車（萊肯ARV）

1990年代末期，與梅卡瓦GP ARV同時

期，以色列為了大規模的回收工作而製造「重起重型」萊肯ARV，取代M579 菲特ARV、M88A1巴頓ARV。萊肯ARV的車體基本結構與梅卡瓦GP ARV相同，但寬度更寬，上方右側安裝直放的大型起重機，機臂長度接近整個車身。中央頂部配備了可安裝備用動力裝置的座架。後方有2個液壓千斤頂和1個鏈子，可在進行起重工作時使用。此外，上方左側有4噸和63噸兩種吊車，可進行各種拖吊工作。

萊肯ARV參與了2006年以黎衝突以及

▼ 2018年，展示於IDF 70週年紀念日的納美爾步兵戰鬥車。車體後方的砲塔上可以看到30毫米機關砲、煙霧彈發射機、戰利品防禦系統等配備。

▼正在實測的佩雷格裝甲回收車。車體沿用 Mk.3 進行改造,包括轉輪、履帶等底部裝備或側裙。

▲佩雷格裝甲回收車延伸了車體後方的起重機吊臂,開始交換梅卡瓦 MK.4 的引擎。梅卡瓦上面的變速箱檢修艙門是開啟狀態。

2008 年加薩戰爭等行動。

納美爾裝甲回收車(納美爾 ARV)

以色列根據萊肯 ARV 的戰鬥經驗,以納美爾 APC 為基礎並更改各項設計,製造出納美爾 ARV。起重機的位置改變最大,由於納美爾 APC 的 NBC 系統在右側,為了避免起重機操作員接觸到右側排放的氣體,因此將起重機移至車體左側。後面的液壓千斤頂在回收工作中不僅用不到,反而在崎嶇路面行駛時還會增加干擾,因此被移除。相對地,鏟子寬度增加至車體的寬度,吊車也只保留一個 63 噸的款式。

目前還不清楚納美爾 ARV 是否投入實戰之中,但是在 2016 年的演習中可以看到它的身影。

佩雷格裝甲回收車(佩雷格 ARV)

2021 年,以色列改裝了即將從前線部隊退役的梅卡瓦 Mk.3,嘗試製造裝甲改裝車。這款「佩雷格」改裝車取消梅卡瓦 Mk.3 的砲塔,在後方上面增加兵員室,並在後方安裝了一台小型起重機。佩雷格 ARV 與梅卡瓦 GP ARV 同樣屬於「輕起重型」裝甲回收車,但更容易從既有的梅卡

▼2021 年,由梅卡瓦 Mk.3 改造的佩雷格裝甲回收車。移除了車體的砲塔,在上方增加建築結構,並在上面安裝小型起重機和吊車。

◀ 在以色列軍砲兵博物館展示的瑟雷夫自走榴彈砲試產車。以Mk.2為基礎,在車體後方裝配155毫米榴彈砲砲塔。配備了可在車內操控的砲管支架。

瓦進行改裝。目前正在進行實測。

瑟雷夫155mm自走榴彈砲

以色列軍從1970年代開始使用美國M109 155毫米自走榴彈砲,但進入1980年代後決定在國內研發繼任車型,以梅卡瓦戰車為基礎製造出自走砲。

車輛由以色列的索爾丹姆系統公司負責研發,目標做出具備M109同等能力的車輛,使用梅卡瓦Mk.1和Mk.2的車體,保留零件的互換性,並採取同樣的維護和修理工作。一般自走砲的砲塔在車體後方,沿用戰車底盤的話,引擎的位置會出現問題,但由於梅卡瓦的引擎在前方,因此更容易更改設計。這款自走砲稱作「瑟雷夫(Sholef)」,以色列於1983年完成第一輛試產車並進行部隊測試,接著檢討測試結果,於1986年製造了第二輛試產車。

瑟雷夫的車體後方有一個155毫米L/52榴彈砲的砲塔。砲塔配備自動裝填系統,射速為每分鐘9發,大約是M109的兩倍。除了一般的間接瞄準射擊之外,還可以直接瞄準射擊戰車等目標;最大射程為40公里,攜帶彈藥量為標準60發,最多可達75發。此外,砲塔上面還有兩挺用於自衛的7.62毫米機槍。

瑟雷夫在功能上取得充實成果,但卻因財政問題導致採購計畫取消,相關任務改為增購M109自走砲,或是轉由MLRS多管火箭系統負責。

進入1990年代後,以色列考慮進行出口貿易,計劃單獨出售砲塔和射擊系統,卻沒有國家下訂單,導致瑟雷夫的研發計畫完全終止。

▼瑟雷夫自走榴彈砲的右後方。砲塔後面有折疊式裝填裝置,車體後面有兩個籃子。第一轉輪採用Mk.1 Hybrid和Mk.2的有孔類型。

▲瑟雷夫自走榴彈砲的左側。沒有側裙,可清楚看見轉輪的懸吊系統。或許因為是試產車,所以車體和砲塔的表面比較簡約。

以色列國防軍主力戰車
MERKAVA
MAIN BATTLE TANK

〔Photo／IDF Spokesperson's Unit〕

梅卡瓦主力戰車寫真集

作　　者　Hobby Japan
翻　　譯　林芷柔
發　　行　陳偉祥
出　　版　北星圖書事業股份有限公司
地　　址　234新北市永和區中正路462號B1
電　　話　886-2-29229000
傳　　真　886-2-29229041
網　　址　www.nsbooks.com.tw
E-MAIL　nsbook@nsbooks.com.tw
劃撥帳戶　北星文化事業有限公司
劃撥帳號　50042987
製版印刷　皇甫彩藝印刷股份有限公司
出 版 日　2024年05月

【印刷版】
I S B N　978-626-7062-89-0
定　　價　450元

【電子書】
I S B N　978-626-7062-94-4(EPUB)

メルカバ戦車写真集 © HOBBY JAPAN
Printed in Taiwan
版權所有・翻印必究
如有缺頁或裝訂錯誤，請寄回更換。

國家圖書館出版品預行編目資料

梅卡瓦主力戰車寫真集 以色列國防軍主力戰車
MERKAVA MAIN BATTLE TANK /
Hobby Japan作；林芷柔譯. --
新北市：北星圖書事業股份有限公司, 2024.05
112面；21×29.7公分
ISBN 978-626-7062-89-0(平裝)

1.CST: 戰車 2.CST: 照片集 3.CST: 以色列

595.97　　　　　　　　　　　　112016457

| 臉書官網 | 北星官網 | LINE | 蝦皮商城 |

〔解說　Research & description〕
竹內　修
Przemyslaw Skulski
竹內規矩夫

〔圖面　Drawing〕
竹內規矩夫

〔照片提供 Photos〕
Przemyslaw Skulski
Ofer Zidon
Adamicz
Aktron／Wikimedia Commons
Michael Aronov
Banznerfahrer
Alf van Beem
Black Mammmba
Uwe Brodrecht
Bukvoed
Neil Cohen
deror_avi
Ereshkigal1
Zachi Evenor
Natan Flayer
Fresh
Ricardo Tulio Gandelman
Jaroslaw Garlicki
Benjamín Núñez González
Piotr Gotowicki
Ishaiabigail
Jian Zhen Wei
Mussi Katz
Vitaly V. Kuzmin
Matanya
MathKnight
Anton Nosik
Oren1973
George Papadimitriou
PawelDS
Boris Portnov
Rhk111
Oren Rozen
Hideo Sasagawa
ASHER SHMULEVICH Pikiwiki Israel
Sirpad
Spike78
Staselnik
Piotr Strzelecki
Jacek Szafranski
Tom733
Ilya Varlamov
Washington2Washington
Ulrich Wrede
Vladimir Yakubov
270862

Falcon® Photography
Military & Security Forum
U.S. Government
U.S. Army
Israel Defense Forces
Israel Defense Forces Spokesperson's Unit

〔編輯　Editor〕
望月隆一
石井栄次

〔設計　Design〕
株式会社リパブリック
今西スグル